U0377811

10 Questions to Learn
In Statistical Learning

# 统计学习必学的十个问题

## 理论与实践

李轩涯　张暐◎著

清华大学出版社

北京

## 内 容 简 介

统计学习是机器学习的重要分支,本书兼顾了数学上的理论和代码实践,内容主要包括基础知识和统计学习模型。第1章、第2章结合VC维介绍过拟合的本质,并介绍手动特征选择的办法;第3章、第4章从最简单的线性模型出发经过概率统计的解读而得到分类和回归算法;第5章讨论不依赖于假设分布的非参数模型;第6章介绍将核方法作为一种非线性拓展的技巧,介绍如何将该方法应用到很多算法中,并引出了著名的高斯过程;第7章以混合高斯作为软分配聚类的代表性方法,从而引出著名的EM算法;第8章讨论了机器学习的集成算法;第9章介绍的线性和非线性降维方法将会解决维度灾难问题,并且不同于单纯的特征选择;第10章讨论不依赖于独立同分布假设的时间序列算法。

本书适合对于统计学习感兴趣的大学生、工程师阅读参考。阅读本书需要具备基础的Python编程技术和基本的数学知识。

**本书封面贴有清华大学出版社防伪标签,无标签者不得销售。**

版权所有,侵权必究。举报:010-62782989,beiqinquan@tup.tsinghua.edu.cn。

**图书在版编目(CIP)数据**

统计学习必学的十个问题:理论与实践/李轩涯,张暐著.—北京:清华大学出版社,2021.4
ISBN 978-7-302-57717-1

Ⅰ.①统… Ⅱ.①李…②张… Ⅲ.①机器学习—问题解答 Ⅳ.①TP181-44

中国版本图书馆 CIP 数据核字(2021)第 050107 号

责任编辑:贾 斌
封面设计:刘 键
责任校对:胡伟民
责任印制:宋 林

出版发行:清华大学出版社
   网  址:http://www.tup.com.cn,http://www.wqbook.com
   地  址:北京清华大学学研大厦 A 座     邮  编:100084
   社 总 机:010-62770175        邮  购:010-83470235
   投稿与读者服务:010-62776969,c-service@tup.tsinghua.edu.cn
   质量反馈:010-62772015,zhiliang@tup.tsinghua.edu.cn
   课件下载:http://www.tup.com.cn,010-83470236
印 装 者:北京嘉实印刷有限公司
经  销:全国新华书店
开  本:186mm×240mm  印 张:9.75    字  数:245 千字
版  次:2021 年 6 月第 1 版      印  次:2021 年 6 月第 1 次印刷
印  数:1~2500
定  价:49.80 元

产品编号:089711-01

# ◎ 前 言

人工智能技术广泛出现在各个应用场景中,包括人脸识别、语音识别、机器对话、推荐系统等方面,其背后离不开数据的增加和算力的增强。统计学习和深度学习作为人工智能技术的两大核心也日益受到人们的关注,虽然目前现阶段的人工智能和真正的"智能"无法相提并论,但理解和掌握统计学习和深度学习知识会让我们更加接近"通用智能"的理想。

关于人工智能的书籍浩如烟海,大部分人已经对于大部头的书籍望而生畏,但又希望获得体系化的知识,而本书有两个重要的特点:

1. 更强调对理论的深入理解。针对性地选择了 20 个主题,希望可以解决很多人面临的困境——不满足于知识堆砌,想达到体系化的理解。例如,对于大多数书直接引入的 sigmoid 和 softmax 函数,本书会介绍其背后隐藏的广义线性模型;大多数书直接引入的正则化作为过拟合的常用手段,本书会介绍其与极大后验估计的关系……

2. 用代码实践结合理论讲解。采用了算法理论和代码实践相结合的方式,代码实践提供了算法实现的某一种或者某几种方式,其目的主要是用来更好地理解算法。在这里,算法和代码的关系,更像是理论与实践的关系,我们用实践来帮助大家更好地理解理论。

本书包含机器学习的基础知识和统计学习模型,分为 10 章。第 1 章将过拟合问题结合 VC 维作为机器学习的基础概念进行讲解,并提供参数模型中防止过拟合的一般方法;第 2 章提供机器学习的手动特征选择的办法;第 3 章、第 4 章从最简单的线性模型出发经过概率统计的解读来得到分类和回归算法;第 5 章讨论不依赖于假设分布的非参数模型;第 6 章将核方法作为一种非线性拓展的技巧,介绍如何将该方法应用到很多算法中,并且引出了著名的高斯过程;第 7 章以混合高斯作为软分配聚类的代表性方法,来引出著名的 EM 算法;第 8 章讨论了机器学习的集成算法;第 9 章介绍的线性和非线性降维方法将会解决维度灾难问题,并且不同于单纯的特征选择;第 10 章讨论不依赖于独立同分布假设的时间序列算法。

　　人工智能的发展太过迅速,本书只是广阔无边大海里的一艘小船。学问广袤无际,做学问更要勤勉躬亲,作者深知诠才末学,书中难免错漏谬言,希望读者指正和交流,感激不尽。

编　者

2021 年 5 月

# 目 录

# 第1章 防止过拟合

过拟合和欠拟合是机器学习的核心问题,而两个核心问题的理解和解决,衍生出很多机器学习的基本思想。相比较来说,过拟合更应该引起人们的重视,因为欠拟合本身就已经很容易被发现,而过拟合则是模型拟合得足够好,却无法做出有效的预测。过拟合的广为人知的表现就是训练误差小,而测试误差大,如果只是这样理解无法直接为算法设计提供指导,通过本章对理论的解读,我们会发现交叉验证、数据增强和正则化等降低过拟合手段的背后,都隐藏着更深的学习理论。

## 1.1 过拟合和欠拟合的背后

一个典型的机器学习任务所使用的数据集,一般是从隐含未知的分布上独立采样得来,最终我们在数据上学习到的模型要去预测这个隐含未知的分布。我们将模型在数据集上的误差叫作经验误差(empirical error),将模型在隐含未知分布上的误差叫作泛化误差(generalization error),为了在有限的数据中可以讨论这两种误差(因为我们无法得到这个分布下的所有数据),我们将得到的数据进行分集,训练集用来得到经验误差(或者是训练误差),测试集用来得到泛化误差(或者是测试误差)。[①]

基于此,我们发展出一系列进行分集的方法,需要保证两个子集的分布的一致性,否则会导致测试误差和经验误差丧失可比性。标准的交叉验证会将数据集分为 $k$ 个大小基本一致的子集,然后依次用 $k-1$ 个子集做训练,剩下的做测试,最后的性能为 $k$ 次训练和测试的均值,当然还有更多的分集方法,各有优劣,需要视具体情况而定。

---

① 有的地方会把这两者的差叫作泛化误差,本书不采用这种定义。

好的学习算法应该满足两个条件：

（1）它可以将训练误差降得足够低，表明它真的学习到了某种从特征 $X$ 到目标值 $y$ 的函数关系。

（2）它可以将训练误差与测试误差的间隔降得足够低，表明它学习到的函数是好的，在未见过的数据上的表现依然很好。

第一个条件如果不满足，那么就代表着欠拟合，第一个条件满足而第二个条件不满足，就代表着过拟合。根据 Hoeffding 不等式（1.1），当我们固定好小的 $\varepsilon$，表示这样的间隔是可以接受的，那么可以看到随着数据量增大，泛化误差与经验误差的小间隔的概率就越大。

**定义 1.1（Hoeffding 不等式）** 假设有 $m$ 个独立有界的随机变量，$E_{\text{test}}$，$E_{\text{train}}$ 分别代表着泛化误差和经验误差，对于任意的 $\varepsilon > 0$，就有：

$$P(E_{\text{test}} - E_{\text{train}} \geqslant \varepsilon) \leqslant 2e^{-2\varepsilon^2 m} \tag{1.1}$$

泛化误差与经验误差的小间隔的概率越大，代表泛化误差与经验误差越接近，这一结论概率上是近似正确的。

## 1.2 性能度量和损失函数

上一节中所说的误差在数据集上的具体体现就是学习器的性能度量。误差是指真实值 $y$ 与预测值 $y(x)$ 的不一致性，回归问题的目标值是连续的，我们可以直接对这两者（或这两者的单调函数）求差，差越小则性能越好。分类问题的目标值是离散的，我们将分类错误的样本占总体样本的比例定义为该数据集上的错误率，错误率越小，性能越好。

虽然我们的目标是缩小真实值和预测值的不一致性，但直接优化差和错误率是非常困难的，取而代之的是我们会优化损失函数（loss function），损失函数是关于真实值和预测值的光滑连续函数，确保我们可以采用优化算法来快速迭代求解。同时损失函数需要保证在优化它的时候，原本的差或者错误率也得到了优化，所以某些情况下损失函数也会被叫作替代损失（surrogate loss）。替代损失是误差的上界，从而保证只优化损失函数，就可以改善误差。如图 1.1 所示，可以看到三种替代损失函数，分别是 Log Loss（见第 4 章），Hinge Loss（见第 6 章）和 Exponential Loss（见第 8 章），它们均是 0-1 Loss 的上界。

虽然我们在回归中经常直接将平方损失（mean squared error）作为我们的度量，它也可以直接作为损失函数，从而避免寻找替代损失。但是通过平方损失和绝对值损失（mean absolute error）的比较，如图 1.2 所示，可以发现 MSE 会在真实值和预测值差别比较大的时候给出更大的值，即便存在少量严重偏离预测分布的数据，经过平均化，仍然会对整个损失产生大的影响。

我们就可以采用 Huber Loss 这类方法参数化普通的 Loss，它可以削弱异常值的影响，

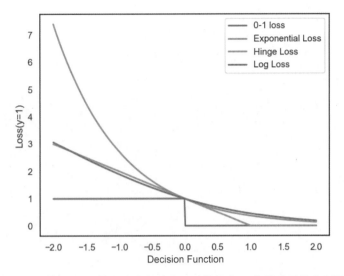

■图 1.1　横轴为决策函数,纵轴为当目标值为 1 时的损失,4 条线分别代表不同的损失函数

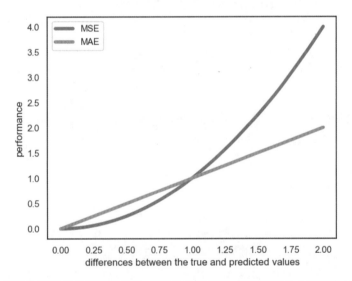

■图 1.2　横轴为真实值与预测值的差,纵轴为性能评估,蓝线和橙线分别代表 MSE 和 MAE

定义为:

$$
\mathcal{L}=\begin{cases}
\dfrac{1}{2}(y-f(X))^2 & |\,y-f(X)\,|<\varepsilon \\[2mm]
\varepsilon\,|\,y-f(X)\,|-\dfrac{1}{2}\varepsilon^2 & |\,y-f(X)\,|\geqslant\varepsilon
\end{cases}\qquad(1.2)
$$

参数 ε 的意义非常明确,只有在预测值与真实值小于一定范围时,(ε)就用平方损失,否则,就使用绝对值损失,参数 ε 表示距离多远就计算为异常值,不让其占比过多。最终形成

的损失函数值随真实值与预测值变化的曲线如图 1.3 所示，Huber Loss(ε＝5)的曲线介于 MSE 和 MAE 之间，在差别越来越大的时候取到了折中的结果。既然如此，我们为什么不直接用 MAE 呢？因为 MAE 对参数的梯度总是个定值，需要动态调整优化算法的学习率才能达到好的效果。

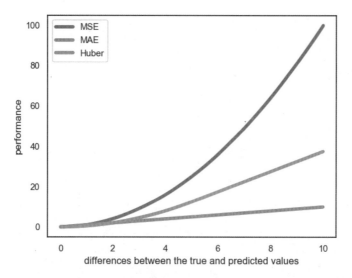

■图 1.3   横轴为真实值与预测值的差，纵轴为性能评估，绿线表示 Huber Loss

在深度学习中，著名的对抗生成网络就可以被看作是采用了一种特殊的损失函数，因为真实图片与虚假图片不方便采用数学定义，所以它并没有采用显式的数学公式，而是将生成器的输出进入到判别器的输入，用判别器本身来作为损失函数。

## 1.3   假设空间和 VC 维

1.1 节提到的 Hoeffding 不等式针对的是一个固定好的特征 $X$ 到目标值 $y$ 的函数，这个函数并不会对经验误差的大小作出保证。在固定好函数的情况下，单纯地增大数据量，虽然会缓和过拟合，但会带来欠拟合。

从特征 $X$ 空间到目标 $y$ 空间的一个映射 $h$，如果对任何样本都有 $f(X)=y$，那么该映射就为目标映射。学习算法可以学习到的映射的集合叫作算法的假设空间（Hypothesis Space），目标映射不一定在假设空间中，即使在，也不意味着一定可以学习到该映射。我们通过数据来学习的过程，就是从假设空间的所有可能映射中挑选接近目标映射的过程。我们常使用最小化损失函数的方法来找到好的映射。

所以考虑到假设空间的影响，假设包含了 $H$ 个可能映射，并且它们为目标映射的可能性相同，那么 Hoeffding 不等式可以被简单的修改为：

$$\frac{1}{H}P(E_{\text{test}} - E_{\text{train}} \geqslant \varepsilon) \leqslant 2\mathrm{e}^{-2\varepsilon^2 m} \tag{1.3}$$

如果假设空间比较大,那么随着数据量的增多,经验误差和泛化误差小间隔的概率也不会大。更糟糕的是,很多算法的假设空间是无穷大,比如,线性回归或者分类算法给出的假设空间是无穷多个线性超平面,复杂度更高的多项式算法的假设空间也是无穷大,这使得 Hoeffding 不等式失去了意义。所以我们不再使用映射的绝对数量来描述假设空间的复杂度,而是使用 VC 维(Vapnik-Chervonenkis Dimension)。

VC 维的本质是假设空间作用在数据集上,利用能打散(见定义 1.2)的最大数据集的规模来定义假设空间的复杂度。VC 维越大,则假设空间的复杂度也就越高,模型的容量也就越大。

**定义 1.2(打散 shatter)**　考虑有 N 个数据的二分类问题,如果假设空间中不同的映射可以将全部的数据赋予的可能标记数为 $2^N$,也就是说穷尽了所有的可能结果,此时,假设空间可以把数据集打散。

如图 1.4 所示,3 个数据点分布在一个 2 维空间中,其任意的可能性都可以被一条直线准确地划分,如果再增加样本数,则可能存在有标记不能被一条直线划分,线性超平面的 VC 维就为 3。事实上,在 $d$ 维特征空间上,超平面的 VC 维是 $d+1$,$k$ 近邻的 VC 维是无穷大(见第 5 章)。

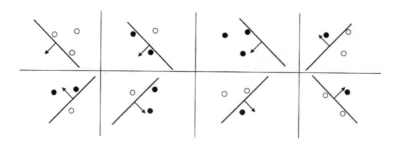

■图 1.4　对于每个数据点都只有 2 种可能的标记,3 个数据点的可能结果数就为 $2^3 = 8$ 种

## 1.4　偏差方差分解的意义

既然假设空间越复杂,真实函数就更有可能被包含其中,那么是否意味着尽可能的选用高容量的模型?答案是否,不是因为会导致过拟合,过拟合只是结果不是原因。这是因为模型很难学到真实函数(或者说与目标函数接近的函数)。同样地,假设空间越简单,包含的函数类型就越少,虽然低容量的模型能够进行简单的学习,但是真实函数可能根本不在其中。

所以,我们需要对模型容量的选择取得一种平衡,既希望训练误差足够小,表示学习到了好的函数,又希望测试误差和训练的差距足够小,表示在训练集上学习的函数与真实函数是接近的。我们对泛化性能进行解释性的拆解,见定义 1.3,从中获得调节模型容量的指导性意见。可以发现,虽然我们想尽可能地降低偏差来让模型拟合得更好,降低方差来让模型更稳定,但是这却不太容易办到,它们处于此消彼长的态势,而这就是平衡的点。

**定义 1.3**(偏差-方差分解)  假设不同的数据集都是从一个分布中独立采样而来,用模型 $f$ 在规模相同的若干数据集上,每个数据集 $D$ 都会有一个样本预测值的平均值 $f(x,D)$。我们把不同数据集的预测平均值收集起来,其方差为:

$$Var(x) = E\left[(f(x;D) - \bar{f}(x))^2\right] \tag{1.4}$$

对于每一个单独的数据集,它评价模型预测对于不同数据集的稳定性。同时我们用偏差来刻画所有数据的预测与真实值的差异水平:

$$Bias^2(x) = (\bar{f}(x) - y)^2 \tag{1.5}$$

最后我们考虑噪声项,它被定义为数据的目标值和真实值的差异:

$$\varepsilon^2 = E\left[(y_{\text{lable}} - y)^2\right] \tag{1.6}$$

在回归任务中常使用的平方损失函数就可以被表示为这三者之和:

$$E\left[(f(x;D) - y_{\text{lable}})^2\right] = Bias^2 + Var + \varepsilon^2 \tag{1.7}$$

对偏差和方差直观的理解如图 1.5 所示。模型容量低会导致高偏差和低方差,训练误差和测试误差足够接近,但训练误差本身就很高,处于欠拟合;模型容量高会导致低偏差和高方差,训练误差很低,但是测试误差远远高于训练误差,属于过拟合;如果出现高偏差和高方差,很可能是训练数据和测试数据存在不一致性;低偏差和低方差则属于理想情况,这是我们通过改变模型、优化算法、超参数、数据量要尽力达到的目标。

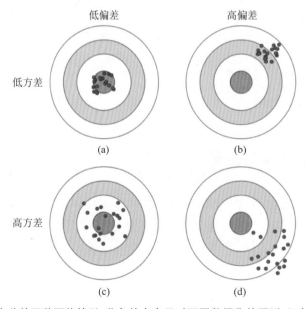

■图 1.5  偏差与方差的四种可能情形,蓝色的点表示对不同数据集的预测,红色的中心表示目标值

## 1.5　正则化和参数绑定

出现欠拟合,我们会增加数据的特征或者增加模型的容量,比如提高多项式模型的阶数;出现过拟合的时候,我们希望减少数据的特征或减少模型的容量,比如减少多项式的阶数、特征选择(见第 2 章)和特征提取(见第 6 章)。此外,我们还可以采用正则(regularization)的办法来防止过拟合。

正则化并不直接改变模型容量,而是表达了对最终找到的函数形式的偏好。前面提到最小化损失函数的过程就是在假设空间中找到尽可能好的映射,我们对损失函数的修改就改变了最终找到的映射的形式,常见的有 $L_1$ 和 $L_2$ 正则化,它们分别对损失函数添加了向量 1 范数和向量 2 范数的平方,见定义 1.4,我们的新的平方损失函数就可以被写作:

$$Loss = MSE + \lambda \parallel \omega \parallel_1 \tag{1.8}$$

$$Loss = MSE + \lambda \parallel \omega \parallel_2^2 \tag{1.9}$$

**定义 1.4(向量范数 norm)**　向量范数是对向量大小的度量,$p$ 范数被定义为:

$$\parallel x \parallel_p = \left( \sum_i \mid x_i \mid^p \right)^{\frac{1}{p}}$$

$p=1$ 为 1 范数,$p=2$ 为 2 范数。

从式(1.7)、(1.8)可以看出,最小化损失函数就是最小化均方误差和正则项的和,其中 $\lambda$ 是超参数,用来调节正则化项在损失函数的比例。只从损失函数的角度很难看出防止过拟合的效果,我们以 $L_2$ 正则化为例,来说明正则化项是如何发挥作用的。最小化均方误差,就可以将均方误差对参数求极值,满足一阶导数为零,二阶导数大于零的极值点就是局部最小值点,此时的最优参数可以被表示为:

$$\omega_* = (\mathbf{X}^T\mathbf{X})^{-1}\mathbf{X}^T y \tag{1.10}$$

其中 $\mathbf{X}$ 为样本矩阵,$y$ 为目标值,如果 $\mathbf{X}^T\mathbf{X}$ 是一个奇异矩阵(见定义 1.1),其逆矩阵并不存在,式(1.10)就失去了意义,虽然我们可以使用摩尔-彭罗斯广义逆(Moore-Penrose pseudoinverse)来解出参数或者直接使用迭代优化算法(不使用解析),但是会带来过拟合。比如,多重共线性问题会使得 $\mathbf{X}^T\mathbf{X}$ 并不满秩,成为一个奇异矩阵。

**定理 1.1(奇异矩阵的性质)**　若方阵满足其行列式为零、不满秩两个条件之一,该方阵就是奇异矩阵,奇异矩阵的逆不存在,但广义逆存在。否则,该方阵就是非奇异矩阵,逆矩阵存在,且为唯一的广义逆矩阵。

如果是添加了 $L_2$ 正则化的损失函数,对其参数求极值,最优参数就变为了:

$$\omega_* = (\mathbf{X}^T\mathbf{X} + \lambda I)^{-1}\mathbf{X}^T y \tag{1.11}$$

此时矩阵 $\mathbf{X}^T\mathbf{X}$ 因为加上了一个 $\lambda$ 倍的单位矩阵,就变成了非奇异矩阵,这也是 $L_2$ 正则化可以解决多重共线性问题的原因。

在回归任务中,把添加 $L_1$ 正则化的方法叫作 LASSO(Least Absolute Shrinkage and

Selection Operator),把 $L_2$ 正则化的回归方法叫作岭回归(Ridge Regression)。这两者有着明显的区别(见图1.6),正则化项的等值线与均方误差的等值线的交点就是最优参数点。

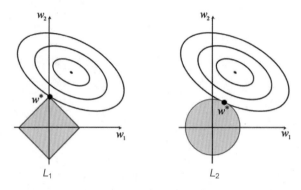

■图1.6　参数的优化示意图,左边的图为 $L_1$ 正则化,右边的图为 $L_2$ 正则化, $\omega^*$ 是找到的最优参数

我们可以从图中发现三个事实:

(1) 最小化添加正则化项的损失函数,最后得到的损失值要大于直接最小化均方误差得到的损失值,换而言之,添加正则化项会使得原本的迭代提前终止,这也正是深度学习经常使用的提前终止(early stopping)被看作正则化手段的原因。

(2) 在(1)的前提下,添加正则化项找到的参数值比不添加找到的要小。发生过拟合时,曲线往往要精确地连接每一个点,导数也就比较大,正则化在样本空间上就表现为权重衰减,从而避免严重的过拟合。

(3) 在(2)的前提下,Lasso的交点在轴上,意味着某些参数可以为零, $L_1$ 正则化不仅具备权重衰减的特点,还有特征选择的作用。

事实上,式(1.7)、(1.8)并不是唯一的形式,它们表达了参数对趋于零的偏好。如果我们有足够的把握认为,参数应该趋于一个已知的不为零的数,相应的 $\omega_{\mathrm{know}}$ 正则化形式就可以变为:

$$Loss = MSE + \lambda \parallel \omega - \omega_{\mathrm{know}} \parallel_1 \tag{1.12}$$

$$Loss = MSE + \lambda \parallel \omega - \omega_{\mathrm{know}} \parallel_2^2 \tag{1.13}$$

这同样也是常见的正则化形式。在深度学习中,任务如果足够相似,模型的参数就可能会接近,所以可以用训练好的模型参数作为我们已知的 $\omega_{\mathrm{know}}$ ,在训练过程中添加上面的正则化项,就可以实现参数绑定(如果考虑先验分布, $\omega_{\mathrm{know}}$ 其实是先验分布的均值,我们会在第3章详细讨论)。

## 1.6　使用 scikit-learn

我们使用的数据是 sklearn 库自带的 diabetes 数据,此数据描述了患者一年以后糖尿病的恶化程度,总共有 442 个样本,每个样本 10 个属性,分别是年龄、性别、身高体重比

（BMI）、血压以及体内的 6 种血清水平，也就是说样本矩阵 $\boldsymbol{X}$ 是 442 行、10 列的矩阵，$y$ 是一个 442 维的向量。出于可视化的需要，我们使用 BMI 作为唯一的特征（其余特征的使用见第 2 章展示），并用线性回归算法和多项式回归算法（阶为 20）对其作简单的拟合，并在整个数据集上计算它们的训练误差，利用如下的代码可以获得它们在样本空间的行为：

```python
from sklearn import datasets, preprocessing
from sklearn.linear_model import LinearRegression as LR
import seaborn as sns
import matplotlib.pyplot as plt
import numpy as np
# 读取数据
data = datasets.load_diabetes()
X = data['data'][:, np.newaxis, 2]  # 挑选一个特征 BMI
y = data['target']
# 线性回归
lr = LR()
lr.fit(X, y)
y_pred = lr.predict(X)
# 多项式回归
poly = preprocessing.PolynomialFeatures(degree = 20)
X_poly = poly.fit_transform(X)
lr_poly = LR()
lr_poly.fit(X_poly, y)
y_pred_poly = lr_poly.predict(X_poly)
# 画图
sns.set(style = 'white')
plt.subplot(1, 2, 1)
plt.plot(X, y, '.k')
plt.xlabel('BMI')
plt.ylabel('quantitative measure of disease progression')
plt.plot(X, y_pred, '-r', linewidth = 2, label = 'Ordinary Least Squares')
plt.plot(X, y_pred_poly, 'g.', markersize = 6, label = 'Polynomial(Degree = 10)')
plt.legend()

from sklearn import metrics
ols = metrics.mean_squared_error(y, y_pred)
polynomial = metrics.mean_squared_error(y, y_pred_poly)
plt.subplot(1, 2, 2)
sns.barplot(['OLS', 'Polynomial'], [ols, polynomial])
plt.show()
```

上述代码中 seaborn 的引入似乎是不必要的，但是它在某些时候比 matplotlib 作图更容易也更漂亮，它会在后面被频繁使用。得到图 1.7 后，可以发现数据点的分布有着一定的倾向性，似乎服从一种正比关系，线性回归算法给出了一条直线，多项式回归算法给出的是曲线。通过训练误的对比，可以看出，多项式算法比起线性算法对于数据拟合的优势并不十分明显。

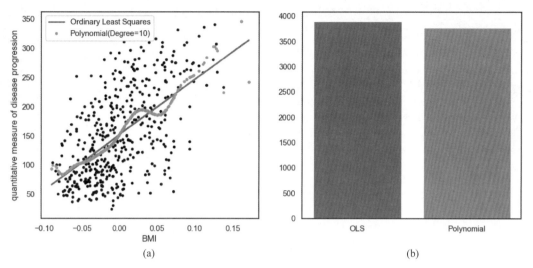

(a)
(b)

■图1.7 (a)为不同算法样本空间的行为,黑色点为我们使用的数据,红线为线性回归算法的结果,绿线为多项式回归的结果;(b)为算法在数据集上的训练误差,蓝色直方为线性回归算法的结果,橙色直方为多项式回归的结果

为了进一步讨论模型容量对训练误差和测试误差的影响,我们需要增大多项式算法的阶数,同时采用sklearn的cross_validate函数来快速实现交叉验证,在上述代码的基础上继续添加下列代码:

```
from sklearn. model_selection import cross_validate
train_cross = [ ]
test_cross = [ ]
scorer = 'neg_mean_squared_error'
for n in range(1,12):
    poly = preprocessing. PolynomialFeatures(degree = n)
    X_poly = poly. fit_transform(X)
    lr_poly = LR( )
    lr_dict = cross_validate(lr_poly, X_poly, y, cv = 10, scoring = scorer)  #10折交叉验证
    test_cross. append( - lr_dict['test_score'].mean( ))
    train_cross. append( - lr_dict['train_score'].mean( ))
plt. figure( )
plt. plot(range(1,12), train_cross, '- b', linewidth = 2, label = 'Train MSE')
plt. plot(range(1,12), test_cross, '- r', linewidth = 2, label = 'Test MSE')
plt. xlabel('Degree')
plt. ylabel('Cross Validation MSE')
plt. legend( )
plt. show( )
```

从图1.8中可以看到随着模型容量的增加,测试误差在阶数大于9之后极速上升,而训

练误差仍然在缓慢地下降,是之前过拟合表现的一个例证。

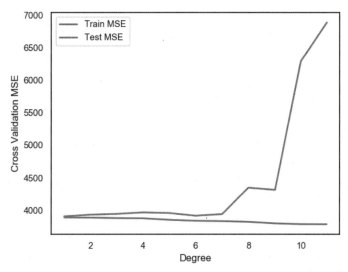

■图 1.8 误差随多项式阶数的变化,红线为测试误差,蓝线为训练误差

接着我们来验证 $L_1$ 正则化和 $L_2$ 正则化所带来的权重衰减效果,通过调节正则化系数,使得最后寻找到的函数形式权重较小甚至为零。使用 Ridge 算法和 Lasso 算法进行多项式拟合,每次拟合可以获得权重系数随正则化系数变化的曲线,将以下代码添加到上述代码中:

```
from sklearn.linear_model import Ridge,Lasso

poly = preprocessing.PolynomialFeatures(degree = 10)
X_poly = poly.fit_transform(X)

# Ridge Regreesion
coefs_ridge = [ ]
alphas = np.logspace( - 10, - 6)
for a in alphas:
    ridge = Ridge(alpha = a)
    ridge.fit(X_poly,y)
    coefs_ridge.append((ridge.coef_)/1e4)

# Lasso regression
coefs_lasso = [ ]
betas = np.logspace( - 10, - 6)
for b in betas:
    lasso = Lasso(alpha = b)
    lasso.fit(X_poly,y)
    coefs_lasso.append((lasso.coef_)/1e6)
```

```
plt.figure()
plt.subplot(1,2,1)
plt.plot(alphas,coefs_ridge)
plt.xscale('log')
plt.xlabel('alpha')
plt.ylabel('Weights')
plt.axis('tight')
plt.title('Ridge')

plt.subplot(1,2,2)
plt.plot(betas,coefs_lasso)
plt.xscale('log')
plt.xlabel('beta')
plt.ylabel('Weights')
plt.axis('tight')
plt.title('Lasso')
plt.show()
```

从图 1.9 中可以看出，$L_2$ 正则化和 $L_1$ 正则化都有权重系数衰减的作用。但是不同在于，$L_2$ 正则化衰减的过程要比 $L_1$ 正则化更为平滑，这是因为向量 2 范数的平方是连续可导的，而向量 1 范数虽然连续，但却存在左右极限不相等导致导数无法定义的点，我们不能使用普通梯度下降去优化它，权重系数的曲线也就不光滑。在 sklearn 的 Lasso 的优化中使用了最小角回归和坐标下降的办法，这两种算法的本质都是在固定其他方向的情况下，利用次梯度（Subgradient）的方法来靠近极小值。

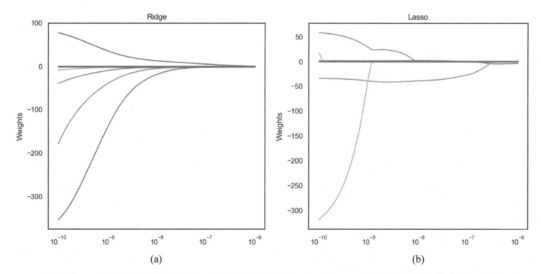

■图 1.9　多项式模型的权重随正则项系数的变化，(a)为 Ridge 的结果，(b)为 Lasso 的结果

最后我们来讨论寻找超参数的办法，因为 Ridge 和 Lasso 都只包含一个超参数，我们可以事先指定一个小的集合，使用每一个可能的取值来训练模型，然后挑选那个测试误差最小

的超参数,这样的方法叫作网格搜索(grid search)。超参数数量较少的时候,我们才会考虑此种办法,因为它的计算开销会随着超参数的个数指数增加,当超参数的个数为 $N$,假设每个超参数只有 3 种可能的取值,意味着我们需要训练 $3^N$ 次。我们用此种办法搜索 Lasso 的最佳超参数,将以下代码添加到上面代码中:

```
lasso_mse = [ ]
for b in betas:
    lasso = Lasso(alpha = b)
    lasso_dict = cross_validate(lasso, X_poly, y, cv = 5, scoring = scorer)
    lasso_mse.append( - lasso_dict['test_score'].mean())

best_alpha = alphas[np.argmin(lasso_mse)]
best_degrees = len(np.nonzero(Lasso(alpha = best_alpha).fit(X_poly, y).coef_)[0]) - 1

print('best degrees is :', best_degrees)
plt.figure()
plt.plot(betas, lasso_mse, 'r - ')
plt.axvline(best_alpha, linestyle = ' -- ', color = 'k', \
    label = 'Best alpha = % s ' % best_alpha + \
    ' Best degrees = % d' % best_degrees)
plt.xscale('log')
plt.xlabel('Beta')
plt.ylabel('MSE')
plt.legend()
plt.show()
```

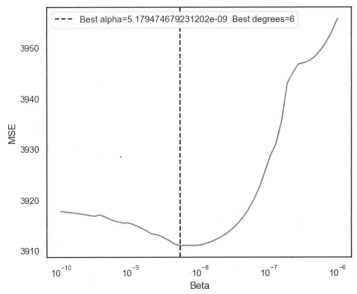

■图 1.10 多项式模型的权重随正则项系数的变化,左图为 Ridge 的结果,右图为 Lasso 的结果

从图 1.10 可以看到，正则化系数特别小在 $10^{-9}$ 量级上，由于 Lasso 可以将某些权重系数缩减到零，所以我们用阶数为 10 的多项式算法，结果在正则化的作用下，真正保留下来的只有其中的 6 项。这样的一种特征选择机制比起单纯的权重衰减具有更好的性质，因为正如我们看到的那样，线性回归算法在每一个特征前面分配一个系数，函数的参数个数依赖于数据的特征维度，那么减小模型容量的一个直接方法就是，将数据的特征减少。

# 第 2 章　特征选择

　　数据的特征维度比数据数量更大的时候就容易发生过拟合,解决此
问题的一个思路就是减少数据的特征维度,我们将这里的特征选择定义
为变量选择,以区别于特征提取(见第 6 章),以此来排除无关特征和多余
特征的干扰,一方面来达到更好的泛化性能,另一方面可以减少模型的复
杂度和计算量。在工业界的实际使用中,有一句话广为流传:特征工程
决定了算法的上界。

　　进行特征选择的对象主要有两个,一个是无关特征,它对数据目标值
的预测没有贡献,另一种是多余特征,它所提供的信息已经包含在其他的
特征之中,在机器学习中,我们通常使用包裹法、过滤法、嵌入法这 3 种方
法来实现变量的选择,此外,logistic 回归和树模型均可以对特征的重要
程度进行排序,也可以实现特征选择的目的(见第 4 章和第 10 章)。

## 2.1　包裹法 Warpper

　　包裹法采用的是搜索特征子集的办法,基本思路是从初始特征集中
不断地选择子集合,根据学习器的性能来对子集进行评价,直到选择出最
佳的子集。在搜索过程中,我们会对每个子集做建模和训练,如图 2.1
所示。

　　基于此,包裹法很大程度上变成了一个搜索的算法问题:搜索一个
合适的特征子集(subset search)。在特征极少的时候,我们可以使用穷
举(Brute-Force Search),遍历所有可能的子集,找出能够使得泛化性能
最佳的特征子集,但是特征一旦增多,就会遇到组合爆炸,在计算上并不
可行(若有 $N$ 个特征,则子集会有 $2^N-1$ 个)。

　　**定理 2.1(贪心算法 Greedy Algorithm)**　如果一个任务可以拆解成
若干的子任务,贪心算法是指在每一步都采取最优的选择,在局部最优解

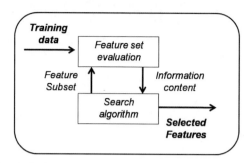

■图 2.1    搜索算法找出特征子集,将特征子集进行性能评估再反馈给搜索算法,直到
触发中止条件(示意图来源 https://jtapiafarias.wordpress.com/about/)

可以决定全局最优的情形下,贪心算法是最有效的算法之一,如果局部最优无法代表全局最优,贪心算法在某些情况下也可以得到近似结果。

所以在实际应用中我们会使用贪心算法,每次都选择最优的特征子集,以确保得到一个尽可能好的结果。贪心框架下常见的策略有:

(1)前向搜索(Forward Search):在开始时,我们按照特征数来划分子集并进行评价,每个子集只有一个特征。然后在最优的子集上逐步增加特征,使模型性能提升最大,直到增加特征并不能使模型性能提升为止。

(2)后向搜索(Backward Search):在开始时,我们将特征集合分别减去一个特征作为子集,每个子集有 $N-1$ 个特征,对每个子集进行评价。然后在最优的子集上逐步减少特征,使得模型性能提升最大,直到减少特征并不能使模型性能提升为止。

(3)双向搜索(Bidirectional Search):将前向搜索和后向搜索结合起来。

由于线性模型有着较好的可解释性,我们可以简单地通过每个特征的权重系数来判断特征的重要程度,然后减去若干低权重的特征,继续进行训练,直到达到我们想要的特征数。这种方法叫作特征递归消除(recursive feature elimination),我们将在代码示例中使用它。

## 2.2    过滤法 Filter

可以看到包裹法没有对要剔除掉的特征作出解释,对其他特征的剔除只是因为它们会影响泛化性能。过滤法更多来自于数学,有着较高的可解释性。具体的过滤又可以分为有监督的过滤和无监督的过滤,前者需要利用数据的目标值,后者则完全不需要,所以我们一般采用有监督的过滤来找出无关特征,采用无监督的过滤来找出多余特征。

我们用简单的皮尔逊相关系数(Pearson Correlation Coefficient)来解释过滤法的应用,皮尔逊相关系数被定义为变量的协方差与标准差的比:

$$\rho = \frac{\text{cov}(X,Y)}{\sigma_X \sigma_Y} \tag{2.1}$$

定义 2.1 假设两组随机变量 $X,Y$ 均为实数,均值分别为 $\overline{X}$、$\overline{Y}$,它们的协方差被定义为:

$$\text{cov}(X,Y) = E\big[(X - \overline{X})(Y - \overline{Y})\big] \tag{2.2}$$

两组相同变量的协方差就是该变量的方差。可以看出,如果变量同时比自身平均值增大或者减小,也就是说两个变量有着相同的变化趋势,协方差将为正,否则为负。

从协方差的定义 2.1,可以看出皮尔逊相关系数可以刻画两组变量之间的线性关系,它的取值介于 $[-1,1]$,1 代表正的线性相关,$-1$ 代表负的线性相关,当等于零的时候,代表线性无关(不代表独立)。

通过皮尔逊相关系数,我们可以画出相关性矩阵,如果特征与特征的相关系数为 1,那么就代表着一定出现了多余特征,如果特征与目标值的相关系数为零,那么可能是无关特征。

皮尔逊相关系数在面对为零的情况,就无法作出可靠的判断,我们还会使用互信息(Mutual Information)的办法,假设有两组随机变量 $X,Y$,互信息就被定义为:

$$I(X;Y) = \sum_{y \in Y}\sum_{x \in X} p(x,y) \log\left(\frac{p(x,y)}{p(x)p(y)}\right) \tag{2.3}$$

这只是离散变量的情形,连续变量要求将求和变为积分。如果两组变量存在相关性,那么当一个变量确定下来,另一个变量不确定度就会减少,互信息度量的就是这种减少的程度。可以看到 $p(x,y)$ 为两种变量的联合分布,当两组随机变量互相独立就有 $p(x,y) = p(x)p(y)$,使得互信息为零,一个变量的确定不会对另一个变量产生任何影响。

互信息的值越大代表着这种不确定减少的程度越大,如果特征与特征的互信息越大,那么就可能代表着多余特征的出现,如果特征与目标值的互信息很小,那么可能是无关特征。至于多大才算大、多小才算小,还要根据具体任务而定,皮尔逊相关系数也是一样。

## 2.3 嵌入法 Embedded

我们可以看到利用包裹法搜索特征子集的时候,需要固定好学习器,如果学习器发生变化,那么最优子集也有可能变化;而过滤法更多是基于数学,可以看作一种数据预处理,需要先挑选再训练。嵌入法是一种较为优雅的方式,它将特征选择过程嵌入了学习器中,当我们训练完成之后,特征选择也随之完成。

$L_1$ 正则化作为一种众所周知的嵌入式特征选择方法,可以把权重系数缩减到零,$L_2$ 正则化却没有这样的效果,详情可以回顾 1.5 节。当我们把 $L_1$ 正则化和 $L_2$ 正则化结合起来,可以得到一个新的约束函数——弹性网模型(Elastic Net):

$$\underset{\omega}{\arg\min} \frac{1}{2n}\sum_{i}^{n}(y_i - \omega^{\mathrm{T}}x_i)^2 + \alpha\rho\sum_{j}^{d}|\omega| + \frac{\alpha(1-\rho)}{2}\sum_{j}^{d}\omega^2 \tag{2.4}$$

其中,超参数 $\alpha$ 表示正则化项在整个损失函数中的比重,超参数 $\rho$ 调节 $L_1$ 正则化、$L_2$ 正则化在总的正则化项中的比例。同样地,它也是一种嵌入式的特征选择算法。

除此之外,决策树也可以被看作一种嵌入式的算法,它逐步采用信息增益和信息增益率来挑选合适的特征进行分类,生成决策树的过程就按照对应的规则将信息增益最大的特征作为划分节点,我们会在第 5 章详细讨论它。

## 2.4　使用 scikit-learn

我们仍然使用 sklearn 的 diabetes 数据集,比起第 1 章简单粗暴的处理,我们会应用特征选择的办法对这个数据集作进一步了解。首先,我们来使用皮尔逊相关系数和互信息来处理整体数据,得到每个特征对目标值的贡献,以找出无关特征。

```
from sklearn import datasets
from sklearn. feature_selection import f_regression
from sklearn. feature_selection import mutual_info_regression
import seaborn as sns
import matplotlib. pyplot as plt
♯读取数据
data = datasets. load_diabetes()
X = data['data']
y = data['target']age sex bmi bp s1 s2 s3 s4 s5 s6
♯计算相关系数
score_f = f_regression(X,y)[0]
score_info = mutual_info_regression(X,y,discrete_features = False,random_state = 0)
♯相关系数作图
sns. set(style = 'white')
plt. figure()
plt. subplot(1,2,1)
sns. barplot(data['feature_names'],score_f)
plt. ylabel('Score')
plt. xlabel('features')
plt. title('Correlation Coefficient')
♯互信息作图
plt. subplot(1,2,2)
sns. barplot(data['feature_names'],score_info)
plt. ylabel('Score')
plt. xlabel('features')
plt. title('Mutual information')
plt. legend()
plt. show()
```

从图 2.2 可以看出,'sex' 和 'age' 分别被相关系数和互信息给出了最低的值,代表着这两个特征可能是无关特征。值得注意的是,左边的皮尔逊相关系数的图中,特征与目标值的相关系数并不是在 [-1,1],这是因为我们使用的 sklearn 中的 'f_regression' 方法对相关系

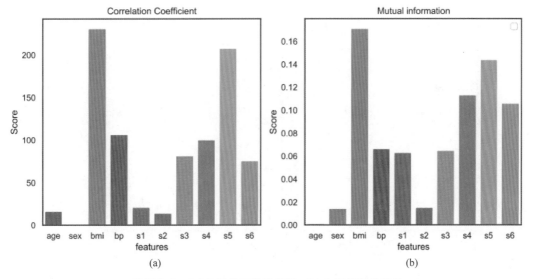

■图2.2　（a）为相关系数的结果,（b）为互信息的结果

数做 Fisher 变换,来进行假设检验,我们最后返回的结果是变换后分布的均值。我们可以在样本空间中找出这两个特征与目标值的散点图,对无关特征进行直观的解读,在上述的基础上添加以下代码:

```
# sex
plt.figure()
plt.subplot(1,2,1)
plt.plot(X[:,1],y,'.k',markersize = 5)
plt.xlabel('Sex')
plt.ylabel('quantitative measure of disease progression')
# age
plt.subplot(1,2,2)
plt.plot(X[:,0],y,'.k',markersize = 5)
plt.xlabel('Age')
plt.ylabel('quantitative measure of disease progression')

plt.legend()
plt.show()
```

从图2.3可以看出,对于不同的目标值,性别'sex'有两种取值,年龄'age'与目标值的散点几乎均匀地分布在平面图上,都可能是无关的特征(严格来说,年龄是无关特征的可能性要高于性别,因为从图像看来,对于同一个目标值,年龄有着更多的取值)。

接着,我们考虑目标值只对数据的特征进行相关性分析,以找出多余的特征。虽然可以沿用皮尔逊和互信息的办法来得到相关性矩阵,但是为了能让大家掌握相关性分析的更多方法,我们在这里使用斯皮尔曼相关系数(Spearman Correlation Coefficient),与皮尔逊相

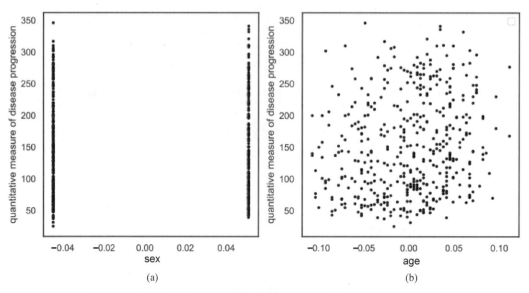

■图2.3  （a）为 sex 与目标值的平面图,（b）为 age 与目标值的平面图

关系数相比,它的作用更多。皮尔逊系数只有在严格线性关系时才会为1,而斯皮尔曼考察的是两组变量是否单调变化,所以它允许了一定的非线性。在上述的基础上添加以下代码:

```python
import numpy as np
from scipy. stats import spearmanr

score_mat = np.abs( spearmanr( X)[0])

plt.figure()
sns. heatmap( score_mat, annot = True, center = 0)
plt. xlabel('features')
plt. ylabel('features')
plt. title('Spearman correlation')
plt. legend()
plt. show()
```

观察图 2.4,我们首先会注意矩阵的对角元全部为1,这是最正常不过的结果,因为变量与其自身是严格的简单线性关系,并且它是一个对称矩阵,因为斯皮尔曼相关系数本身就可以交换变量。

要找出多余的特征,我们需要额外注意那些数值较大的区域,比如序号为4和5的特征的相关系数高达0.88,很有可能是多余特征,序号6和7的特征相关系数较大,为0.97,我们在数据集上找到对应的特征名称（它们分别代表着人体不同血清）,并且将它们的关系展示在样本空间上,对多余特征进行直观的理解。在上述基础上添加代码:

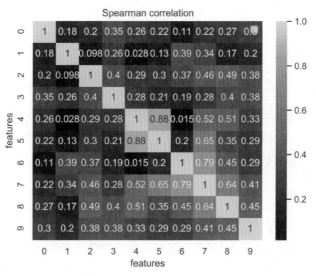

■图2.4 相关系数矩阵维度就是特征维度（10×10），每一个矩阵元表示两组特征的斯皮尔曼相关系数

```
#4和5分别代表'S1'、'S2'
plt.figure()
plt.subplot(1,2,1)
plt.plot(X[:,4],X[:,5],'.k',markersize = 5)
plt.xlabel('S1')
plt.ylabel('S2')
#6和7分别代表'S3'、'S4'
plt.subplot(1,2,2)
plt.plot(X[:,6],X[:,7],'.k',markersize = 5)
plt.xlabel('S3')
plt.ylabel('S4')
plt.legend()
plt.show()
```

从图2.5中可以看出，S1血清和S2血清呈现很好的线性关系，而S3血清和S4血清在不同的取值处表现出阶梯状的线性关系，在S3的均匀取值的情形下，S4只能取到一些特定的值。面对这两对可能线性相关的变量，我们只需要分别保留其中一个即可。

然后，我们采用包裹法来进行特征挑选。在上述的数据集中可以很方便地使用sklearn中的特征递归消除方法，并结合交叉验证来评价特征子集，如果减去的特征无法使得性能提升，那么我们就会停止剔除过程。采用岭回归作为我们的学习器，岭回归带来的权重缩减，使得交叉验证的泛化性能尽可能地稳定，有利于我们的性能评估，在上述代码的基础上添加以下代码：

```
from sklearn.linear_model import Ridge
from sklearn.feature_selection import RFECV
#这里我们将正则化系数设置为0.1
```

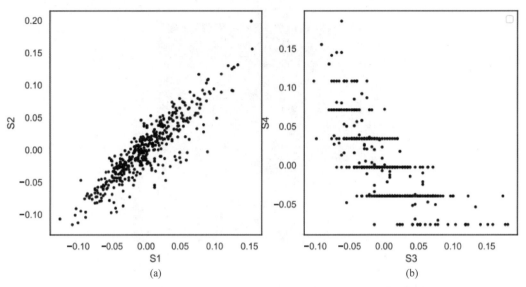

■图 2.5 (a)是 S1 和 S2 血清的散点图,(b)是 S3 和 S4 血清的散点图

```
lr = Ridge(alpha = 0.1)
scorer = 'neg_mean_squared_error'
rfecv = RFECV(estimator = lr, step = 1, cv = 10, scoring = scorer)
rfecv.fit(X, y)

features = np.array(data['feature_names'])[rfecv.support_]
print('residue features: ', features)

plt.figure()
plt.xlabel("Number of features selected")
plt.ylabel("Cross validation score (MSE)")
plt.plot(range(1, len(rfecv.grid_scores_) + 1), - rfecv.grid_scores_,\
    'r - ', linewidth = 4,\
    label = "Optimal number of features : % d" % rfecv.n_features_)
plt.legend()
plt.show()
```

在图 2.6 中,可以看到递归消除法得到的最佳特征数为 5,此时保留的特征打印出来分别为'sex'、'bmi'、'bp'、's3'、's5',发现前面所得出的无关特征'age'已经被剔除掉,'sex'被保留下来,而得出的多余特征's4'也被剔除,这符合我们的认知。同时,可能会让读者疑惑的是,强线性相关的's1'和's2'全部被剔除,为什么学习器不保留其中的一个呢,这可能是因为我们采用了岭回归作为学习器,它本身就可以消除一定的多重共线性。

作为嵌入式方法的代表,最后让我们来尝试一下弹性网模型具备的稀疏能力,弹性网涉及两个超参数,所以可以根据这两个参数的相对大小,来观察是要缩减权重到小的值还是将有些权重直接缩减为零,我们在 1.6 节已经使用过网格搜索的技巧,在这里,我们会采用

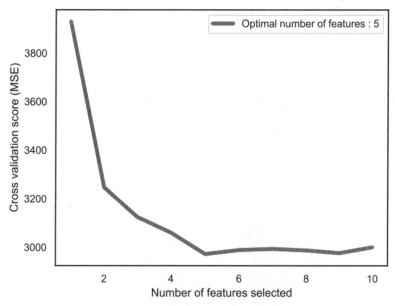

■图 2.6　学习器交叉验证的泛化误差随特征数的变化

sklearn 中的 GridSearchCV 方法来快速完成两个超参数的网格搜索。它的方法就是穷尽每一对可能的参数组合，依次进行交叉验证，我们选用 10 折交叉验证，这两个超参数都有 5 种可能的取值，那么就会进行 250 次训练。在上述代码的基础上添加以下代码：

```python
from sklearn.model_selection import GridSearchCV
from sklearn.linear_model import ElasticNet as EN
reg = EN()
paramters = {'alpha':(0,1e-9,1e-6,1e-2,0.1),\
        'l1_ratio':(0,1e-9,1e-6,1e-2,0.1)}
res = GridSearchCV(reg, paramters,cv=10,scoring='neg_mean_squared_error')
res.fit(X,y)

print(res.best_params_)

test_scores = -res.cv_results_['mean_test_score']
scale_scores = np.array([i/(test_scores.max()-test_scores.min()) for i in test_scores])
plt.figure()
sns.heatmap(scale_scores.reshape(5,5),center=0,annot=True,\
    linewidths=.5,cmap='RdBu',
    xticklabels=paramters['l1_ratio'],\
    yticklabels=paramters['alpha'])
plt.show()
```

　　最后我们会得到最佳的参数组合，为 {'alpha': 1e-06, 'l1_ratio': 0}，超参数为零意味着这个超参数可以在此模型中安全的去掉。从图 2.7 中可以看出，在固定另一个超参数的情况下，$L_1$ 正则化系数几乎不会对测试误差造成什么影响，测试误差的差异几乎由总的正则化项系数所提供。如果我们深入探讨超参数选择的整个过程，会发现某些超参数的不同取值会得到相同结果，这是我们在超参数调节中经常会遇到的情况，这也是随机搜索（Randomized Search）在很多时候都比网格搜索高效且优越的原因。

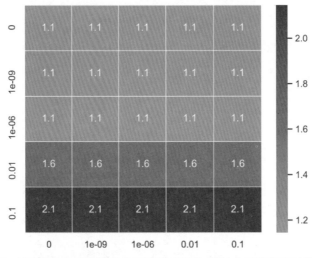

■图 2.7    两组超参数的不同组合下的测试误差，横轴为正则化项系数的取值，
纵轴为 $L_1$ 正则化项在整个正则化中占比的取值

# 第3章 回归算法中的贝叶斯

在第 2 章,我们对多项式模型使用最小二乘估计来拟合曲线,并且将 $L_1$ 正则化和 $L_2$ 正则化手段作为结构风险直接引入,那么在第 3 章,我们会用概率的观点来看待机器学习模型,用简单的例子帮助大家理解判别式模型和生成式模型的区别。通过思考曲线拟合的问题,还会发现习以为常的损失函数和正则化项背后有着深刻的意义。

## 3.1 快速理解判别式模型和生成式模型

从概率的角度来理解数据有着两个不同的角度,假设我们有 5 个数据点,每个数据都只有一个特征 $x$ 和一个目标值 $y$:

| $x$ | 0 | 0 | 1 | 1 | 1 |
|---|---|---|---|---|---|
| $y$ | 0 | 0 | 2 | 1 | 2 |

一种是条件概率的角度,它描述了目标值相对于数据的特征出现的概率,我们表示为:

$$P(y=0 \mid x=0)=1 \tag{3.1}$$

$$P(y=2 \mid x=1)=\frac{2}{3} \tag{3.2}$$

$$P(y=1 \mid x=1)=\frac{1}{3} \tag{3.3}$$

另一种是联合概率的角度,它描述了数据的特征和目标值一起出现的概率,我们表示为:

$$P(y=0,x=0)=\frac{2}{5} \tag{3.4}$$

$$P(y=2,x=1)=\frac{2}{5} \tag{3.5}$$

$$P(y=1,x=1)=\frac{1}{5} \tag{3.6}$$

这两种角度分别代表了两种不同的建模方法,条件概率是将数据特征与目标值直接联系在一起,对于每一个特征我们只需要计算 $P(y|x)$,我们将这样的模型叫作判别式模型 (Discriminative Model),可以看到如果是利用判别式模型去预测新的数据 $x=0$,它会给出 $y=0$。联合概率是综合考虑了整个样本空间,对于每一个特征我们需要计算 $P(y,x)$,我们将这样的模型叫作生成式模型(Generative Model),如果去预测新的数据 $x=1$,会比较 $y=1$ 的概率是 $\frac{1}{5}$,$y=2$ 的概率是 $\frac{2}{5}$,选择概率较大的 $y=2$。

**定理 3.1**(贝叶斯定理)　贝叶斯定理(Bayes' theorem)可以从全概率公式推导而来,但含义却更加丰富,简而言之,事件发生的条件可能性和依据此条件发生此事,概率是不一样的。我们分别用 $A$ 和 $B$ 表示事件,贝叶斯定理写作:

$$p(A\mid B)=\frac{p(B\mid A)p(A)}{\int_{A'}p(B\mid A')p(A')\mathrm{d}A'} \tag{3.7}$$

其中,$p(A)$ 表示先验,是统计量或者只是假设偏好;$p(B|A)$ 是似然函数,是在条件 $A$ 下的 $B$ 出现的概率;$p(A\mid B)$ 是后验概率,表示 $B$ 的出现是因为 $A$ 的概率,$\int_{A'}p(B\mid A')P(A')\mathrm{d}A'$ 为证据因子,对条件概率的积分表示将所有的事件发生的条件都考虑在内。

生成式模型和判别式模型往往都与贝叶斯定理相联系,见定理 3.4。因为有 $P(x,y)=P(y|x)P(x)$,联合概率比条件概率还多考虑了数据特征的分布。贝叶斯定理中的后验概率随着我们的任务有着不同的含义,比如在朴素贝叶斯分类器(见第 4 章)中,事件 $A$ 和 $B$ 分别指类别和需要预测的样本,在线性回归或者线性分类算法中,事件 $A$ 和 $B$ 分别指条件分布的参数和训练样本。

## 3.2　极大似然估计和平方损失

回归问题中,我们可以将每一个样本 $x$ 对应的目标值看作一个均值为 $\omega x$ 的连续分布,如图 3.1 所示,它只假设分布 $p(y|x)$ 服从高斯分布,而不关心 $p(x)$,所以训练过程本质上是在对这个条件分布的参数做估计(此章讨论一维变量的情形,下同)。

以这样的视角来重新考虑目标值的分布会发现,每一个样本的目标值 $y_i$ 都服从高斯分布 $N(\omega^{\mathrm{T}}x_i,\sigma^2)$,它的均值为 $\omega^{\mathrm{T}}x_i$,假设样本是独立同分布的,那么目标值的分布就是所有

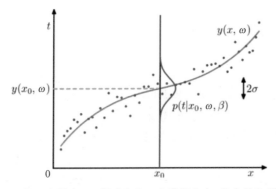

■图 3.1　每一个样本 $x_0$ 都对应着一个高斯分布,分布的均值作为真实值

样本分布的乘积,形式为:

$$p(y \mid x_0, \omega) = \prod_i N(\omega^T x_i, \sigma^2) \tag{3.8}$$

**定理 3.2（极大似然估计）**　给定分布的概率密度函数 $f$,这个概率分布由参数 $\theta$ 控制,我们从分布中采样 $X_1, X_2, X_3, \cdots, X_n$,似然函数就是样本关于该参数的条件概率:

$$L(\theta \mid X_1, X_2, \cdots, X_n) = f_\theta(X_1, X_2, \cdots, X_N) \tag{3.9}$$

最大化似然函数的意义就是在参数 $\theta$ 的所有的可能取值中,寻找一个使得采样最可能出现的 $\theta$,可能性最大,意味着似然函数也达到了最大值。

因为总的似然函数等于所有样本分布的乘积,大量的小的数连乘会造成数值下溢,所以我们将似然函数取对数,连乘就变为了对数求和:

$$\ln p(y \mid x_0, \omega) = \sum_i \ln N(\omega^T x_i, \sigma^2) \tag{3.10}$$

最大化对数似然就是最大化多个高斯分布的对数和:

$$\underset{\omega}{\mathrm{argmax}} \sum_i^m \ln\left(\frac{1}{\sigma\sqrt{2\pi}} e^{-\frac{(y_i - \omega^T x_i)^2}{2\sigma^2}}\right) \tag{3.11}$$

利用对数的性质,就可以将其拆开:

$$\underset{\omega}{\mathrm{argmax}} -\sum_i^m \left[\frac{1}{2\sigma^2}(y_i - \omega^T x_i)^2 + \ln(\sigma\sqrt{2\pi})\right] \tag{3.12}$$

其中 $\ln(\sigma\sqrt{2\pi})$ 与 $\omega$ 无关,最大化对数似然,相当于最小化其负值,所以,我们有:

$$\underset{\omega}{\mathrm{argmin}} \sum_{i=1}^m \frac{1}{2\sigma^2}(y_i - \omega^T x_i)^2 \tag{3.13}$$

其中标准差 $\sigma$ 独立于 $\omega$,不参与优化。这样,我们就以极大似然估计的方法得到了均方误差的表达式。极大似然估计是贯穿统计学习和深度学习的参数估计办法,我们会经常使用它来得到损失函数,因为极大似然估计可以获得参数估计的一致性(见第 4 章)。

## 3.3    最大后验估计和正则化

极大似然估计假设了条件分布,从频率学派的角度看来,这个分布的参数是确定好的,我们只需要找到这个参数。但从贝叶斯学派的角度看来,参数本身就是一个随机变量,我们需要找到的是这个参数的分布。如果我们考虑贝叶斯定理,将最大似然估计做进一步的扩展,我们最大化的不再是似然函数,而是似然函数与先验的乘积,也就得到了极大后验估计,见定理3.3。

其中,先验概率就表达了参数的分布,只有在这个分布之下,参数才有可能被考虑。所以最后的估计结果会使得参数向先验的方向移动,如果采用极大后验来得到损失函数,先验概率的存在则对应着损失函数的正则项。

**定理3.3(最大后验估计 MAP)**    在最大似然估计的基础上,我们选择最大化似然函数和先验概率的乘积:

$$\theta_{\text{MAP}} = \underset{\theta}{\arg\max} f_\theta(X_1, X_2, \cdots, X_n) * p(\theta) \tag{3.14}$$

如果先验分布为均匀分布,先验项会在结果上变为一个常数,在此条件下,最大后验估计和极大似然估计给出的结果虽然一致,但是在论述上仍然有着本质的不同。

如图3.2所示,先假设参数的先验分布为均值为零的拉普拉斯分布:

$$p(\omega) = \frac{1}{2\eta} e^{-\frac{|\omega|}{\eta}} \tag{3.15}$$

其中,$\eta$为拉普拉斯分布的尺度参数。同样因为取对数,乘积变为了求和:

$$\underset{\omega}{\arg\max} \left( \sum_i^m \ln\left( \frac{1}{\sigma\sqrt{2\pi}} e^{-\frac{(y_i - \omega^T x_i)^2}{2\sigma^2}} \right) + \sum_j^d \ln\left( \frac{1}{2\eta} e^{-\frac{|\omega|}{\eta}} \right) \right) \tag{3.16}$$

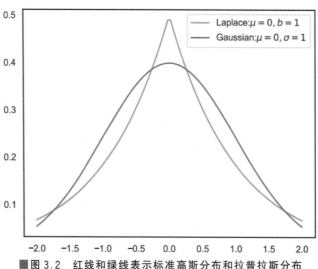

■图3.2   红线和绿线表示标准高斯分布和拉普拉斯分布

其中, $d$ 表示参数的个数, 我们可以延续上述步骤化解得到:

$$\underset{\omega}{\operatorname{argmax}}\left(-\sum_i^m\left[\frac{1}{2\sigma^2}(y_i-\omega^{\mathrm{T}}x_i)2+\ln(\sigma\sqrt{2\pi})\right]-\sum_j^d\left[\frac{1}{\eta}\mid\omega_j\mid+\ln(2\eta)\right]\right) \quad (3.17)$$

最大化对数似然就是最小化其负值, 同时省略其中的常数项, 就会得到:

$$\underset{\omega}{\operatorname{argmin}}\left(\sum_{i=1}^m\frac{1}{2\sigma^2}(y_i-\omega^{\mathrm{T}}x_i)^2+\sum_j^d\frac{1}{\eta}\mid\omega_j\mid\right) \quad (3.18)$$

其中, $\sigma$ 和 $\eta$ 是常数, 不参与优化。我们就利用最大后验估计得到了 $L_1$ 正则化的形式。

同理, 我们将先验概率替换为均值为零的高斯分布, 其方差由 $\tau^2$ 所控制, 继续上述的步骤会得到 $L_2$ 正则化:

$$\underset{\omega}{\operatorname{argmin}}\sum_{i=1}^m\frac{1}{2\sigma^2}(y_i-\omega^{\mathrm{T}}x_i)^2+\sum_j^d\frac{1}{2\tau^2}(\omega_j)^2 \quad (3.19)$$

我们会发现, 正则化将权重系数缩减到零的操作恰恰对应了先验分布中概率密度最大的区域, 我们将均值设为零, 估计的参数会更偏好零。所以, 我们可以自由的控制参数向我们期望的方向移动, 只需要调节先验的均值。并且, 先验分布的尺度参数(我们将均值叫作分布的位置参数)对应着正则化项系数, 它越小, 表示分布的尺度越小, 精度越高, 正则化项起到的作用也就越大。

## 3.4 贝叶斯线性估计

最大似然估计是点估计, 在参数空间上得到一个点作为最后的结果, 最大后验估计虽然添加了先验, 但其估计的只是后验分布的众数, 最后得到的仍然是一个点。单纯地采用极大似然估计会带来模型容量和过拟合的问题, 采用最大后验来添加正则化项虽然可以防止过拟合, 但却引入了额外的超参数, 需要做交叉验证的重复训练来大致确定超参数的值, 并且先验分布的不合理会在小数据集上带来致命的后果。

参数的整个分布包含着比单纯的一个点更多的信息, 如果根据贝叶斯定理可以得到参数的后验分布, 贝叶斯线性估计的第一步就是获得参数的后验分布。然而根据贝叶斯定理, 后验分布需要计算整个参数空间的证据因子, 这往往是一个高维积分, 需要用一些数值模拟的技术来计算。但是我们可以采用高斯分布自共轭的性质, 见定理 3.4, 就可以直接写出后验分布的封闭形式, 进而简化了计算。

**定理 3.4(共轭先验)** 在贝叶斯定理中, 如果先验分布和后验分布属于同一类分布, 则此时的先验分布和后验分布为一对共轭分布, 此时的先验分布为似然函数的共轭先验:

$$p(\theta\mid x)=\frac{p(x\mid\theta)p(\theta)}{\int_{\theta'}p(x\mid\theta)p(\theta')\mathrm{d}\theta} \quad (3.20)$$

讨论共轭分布, 需要指明似然函数的形式。高斯分布在高斯的似然函数下为自共轭分布, 也就是说, 如果似然函数和先验分布均为高斯, 那么后验分布也为高斯分布。

我们考虑参数的高斯先验分布和似然函数：

$$p(\omega) = N(\omega \mid \mu_0, \sigma_0^{-1}) \tag{3.21}$$

$$p(y \mid \boldsymbol{\omega}) = N(\omega^T x, \beta^{-1}) \tag{3.22}$$

均值和标准差一旦确定，整个分布就确定了。如果我们设置先验的均值为零，将大大地简化问题，此时最大化后验分布的对数会得到 $L_2$ 正则化同样的结果：

$$\underset{\omega}{\arg\min} \sum_{i=1}^{m} \frac{\beta}{2} (y_i - \omega^T x_i)^2 + \sum_{j}^{d} \frac{\sigma_0}{2} (\omega_j)^2 \tag{3.23}$$

我们将这样的形式叫作贝叶斯岭回归（Bayesian Ridge Regression）。

为了更充分地利用数据和预测分布，从数据中直接提取先验，我们会采取增量计算的方式，将数据分批处理，此种增量计算的基本过程是：首先确定一个先验分布，利用少量的数据点去计算后验分布，然后将前一步计算而来的后验作为下一步的先验，接着导入部分数据点，再继续得到后验分布，再将此时的后验当作下一步的先验，直到计算完整个数据集。与一次性计算完全部的数据不同，增量计算的好处在于随时可以根据数据来调整先验分布的参数，在样本并不能很好地反映总体（这是经常发生的，我们把这种情况叫作数据的不一致性），或者数据量较少时，会有很不错的性能。

此时我们还并未真正接触到贝叶斯线性回归的威力。后验分布就是关于参数的条件分布，如果我们不使用最大化后验分布来得到损失函数，而是将得到的后验分布与似然函数相结合，就能最终实现对新样本的预测。为什么后验分布可以直接与似然函数相乘呢？因为贝叶斯的增量计算会将上一步的后验当作下一步的先验，当我们用来做新样本的预测，使用的先验分布就是训练完成后的后验分布。

假设新的样本为 $y_{\text{new}}$，对于新样本的预测也呈现一个分布，为：

$$P(y_{\text{new}} \mid \mu_N, \sigma_N) = \int P(y_{\text{new}} \mid \omega) P(\omega \mid \mu_N, \sigma_N) d\omega \tag{3.24}$$

可以看出，预测分布成为了两个高斯分布的卷积，卷积的本质就是加权平均（卷积神经网络中的卷积操作概念本质上也是加权平均），在参数的所有可能位置上，后验分布被看作权重，似然函数给出的预测就被平均化。点估计只考虑了一个参数值，参数值的不恰当就会导致过拟合，而贝叶斯估计是在整个参数空间上取平均，使得最后的结果更加稳定。

最后我们来讨论预测分布的性质，见定理 3.5，通过卷积两个高斯分布得到的方差为：

$$\sigma_{\text{new}}^2 = \beta^{-1} + \sigma_N^2$$

$$= \frac{1}{\beta} + \frac{1}{\sigma_0^{-1} + \beta x^T x} \tag{3.25}$$

**定理 3.5（高斯分布的卷积）**  两个高斯分布的卷积仍然是一个高斯分布，新的高斯分布的方差为两个高斯分布的方差之和。

可以证明，随着样本的增加，预测分布的方差会越来越小。在此章中，我们使用了一维变量假设分布，来使得问题尽可能地简单，实际应用中，我们会遇到多维分布，只需要将方差推广到协方差即可。

# 3.5 使用 scikit-learn

在 sklearn 中我们通过 BayesianRidge 类可以很方便地实现贝叶斯岭回归,我们仍然使用 sklearn 的 diabetes 数据集,选取 BMI 指数作为特征,为了尽可能地将模型变得复杂,我们使用多项式回归的办法将项数扩展为 10,依次采用普通的线性回归和贝叶斯岭回归的办法,观察其在样本空间的曲线形式,同时为了详细验证贝叶斯和普通线性回归的性能差异,我们对这两种算法分别作 10 折的交叉验证,把 10 次交叉的均方误差的平均值作为性能指标,来观察两种算法的泛化能力。

```python
import numpy as np
import matplotlib.pyplot as plt
import seaborn as sns
from sklearn.preprocessing import PolynomialFeatures as PF
from sklearn.linear_model import BayesianRidge as BR
from sklearn.linear_model import LinearRegression as LR
from sklearn import datasets
from sklearn.model_selection import cross_val_score

data = datasets.load_diabetes()
X = data['data'][:,2][:,np.newaxis]
y = data['target']

poly = PF(degree = 10)
X_poly = poly.fit_transform(X)

Regressors = dict(ols = LR(), bayesian = BR())

sns.set(style = 'white')
plt.subplot(1,2,1)
plt.scatter(X, y, s = 8, color = 'k', label = 'data')
for name, reg in Regressors.items():
    reg.fit(X_poly, y)
    y_pred = reg.predict(X_poly)
    plt.plot(X, y_pred, '.', markersize = 5, label = name)
plt.legend()
plt.subplot(1,2,2)
cross_scores = []
cross_names = []
for name, reg in Regressors.items():
    score = cross_val_score(reg, X_poly, y, cv = 10, scoring = 'neg_mean_squared_error')
    cross_scores.append( - score.mean())
    cross_names.append(name)
sns.barplot(cross_names, cross_scores)
```

```
plt.show()
```

从图 3.3 可以看出，两种算法都通过多项式来增加特征，普通线性回归所得到的结果较为弯曲，表现出了一定的过拟合，而贝叶斯岭回归的结果却近似为一条直线，意味着拥有更好的泛化能力。因为多项式回归中模型的复杂度就取决于其项数，普通线性回归使用极大似然来估计参数，无法避免数据与模型的匹配问题，过于复杂的模型面对简单的数据，很容易产生过拟合。而贝叶斯方法的先验参数由训练数据所提供，相当于用训练数据本身来限制模型的复杂度，并且我们可以清晰地看到贝叶斯回归的泛化性能要优于普通的线性回归。

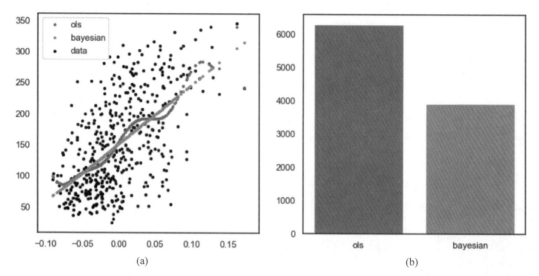

(a)                              (b)

■ 图 3.3　(a)为两种算法在样本空间的行为，蓝色的线表示普通线性回归的结果，橙色的线
　　　　　表示贝叶斯岭回归的结果，(b)为 10 折交叉验证后的均方误差平均值对比，
　　　　　蓝色的直方为普通线性回归，橙色的直方为贝叶斯的结果

接下来，我们来验证贝叶斯岭回归的预测分布的方差是否与训练样本有关。我们生成 100 个数据点，服从正比关系：$y=x$，并对 $y$ 添加小的高斯噪声，用贝叶斯岭回归做训练，然后用其来预测更多的数据，观察它在样本空间的方差：

```
import numpy as np
import matplotlib.pyplot as plt
import seaborn as sns
from sklearn.linear_model import BayesianRidge as BR
from sklearn.preprocessing import PolynomialFeatures as PF

np.random.seed(2019)
X = np.linspace(0,2,100)
y = X + np.random.randn(100)

br = BR()
```

```
br.fit(X[:,np.newaxis],y)

X_ = np.linspace( - 50, 50, 1000)
y_mean, y_std = br.predict(X_[:,np.newaxis],return_std = True)

plt.figure()
plt.scatter(X,y,s = 3,c = 'k')
plt.plot(X_, y_mean, 'r', lw = 2, zorder = 9)
plt.fill_between(X_, y_mean - 1.96 * y_std, y_mean + 1.96 * y_std, \
        color = 'blue',alpha = 0.3,label = '95 % CI')
plt.fill_between(X_, y_mean - 1 * y_std, y_mean + 1 * y_std,\
        color = 'blue',alpha = 0.5,label = '68 % CI')
plt.legend()
plt.show()
```

从图 3.4 可以看出,只有经过训练数据以及与训练数据相近的点可以缩小预测分布的方差,远离训练数据的点在预测分布的方差在逐渐增大,表示预测分布的不确定性越来越高。侧面证明了样本的增多可以缩小预测分布的方差,但也证明了训练样本的多样化(在不同的 $x$ 均有样本)与训练集的规模大小同样重要,因为多样化可以减小整体的不确定性。

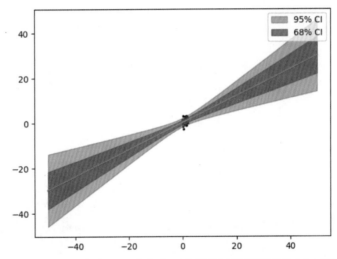

■图 3.4  红线为拟合结果,深蓝色为 68 % 置信区间,浅蓝色为 95 % 置信区间

# 第4章　分类算法中的贝叶斯

机器学习任务可以分为两个大类，一类是回归问题，我们在前 3 章已经反复讨论过，另一类就是分类问题，是我们即将要讨论的。这两类问题最大的不同在于，回归的目标值是连续的，而分类的目标值是离散的，恰恰是因为这个特性，从概率视角去理解分类问题更为容易。二分类问题常用的对数损失和习以为常的 sigmoid 函数背后都隐藏着深刻的概率意义。

## 4.1　广义线性模型下的 sigmoid 函数和 softmax 函数

我们可以将简单的线性算法做简单的拓展来更好地做出预测，比如利用三角函数、指数、对数等方法使其变为一个复合函数：

$$y = g(\omega^{\mathrm{T}} X) \tag{4.1}$$

这样得到的就被称作广义线性模型。从概率的角度来看，广义线性模型的第一个要求就是，对目标值的假设不再局限于高斯分布，而是假设了指数族分布，有 $y = g(\theta)$，$\theta$ 为该分布的参数，见定义 4.1。面对二分类问题，我们可以简单地假设目标值服从伯努利分布：

$$P(y) = p^{y}(1-p)^{1-y} \tag{4.2}$$

**定义 4.1（指数分布族）**　指数分布族的基本形式为：

$$P(x) = h(x)\mathrm{e}^{\theta^{\mathrm{T}} T(x) - A(\theta)} \tag{4.3}$$

其中，$T(x)$ 为充分统计量，表示没有其他任何可以提供关于未知参数的额外信息的统计量，比如对于均值已知的高斯分布，因为高斯分布由均值和方差确定，均值已知，样本的方差（或者可以得出方差的其他统计量）就是一个充分统计量。

$\theta$ 是参数向量，当我们把假设分布写作指数分布的形式，$\theta$ 可以表示为假设分布原参数的函数,把这个函数叫作连接函数。

很多常见的分布均属于指数族分布,比如伯努利分布、二项分布、泊松分布、指数分布,等等。

如果我们将该分布写作指数分布的形式,就可以得到:

$$p^y(1-p)^{1-y} = \exp[y\ln(p) + (1-y)\ln(1-p)] \tag{4.4}$$

$$= \exp\left[y\ln\left(\frac{p}{1-p}\right) + \ln(1-p)\right] \tag{4.5}$$

进一步做对应,可以发现连接函数为 $\theta = \ln\left(\frac{p}{1-p}\right)$,其反函数为 $p = \frac{e^\theta}{1+e}$。可以看出,广义线性模型的复合函数 $g$ 是连接函数的反函数,我们可以将式(4.1)写为:

$$P(y=1) = \frac{e^\theta}{1+e^\theta}$$

$$P(y=0) = \frac{1}{1+e^\theta}$$

上式天然具备概率的意义,如图 4.1,$P(y=1)$ 和 $P(y=0)$ 在任意位置都在(0,1)内,并且它们的和都等于 1。

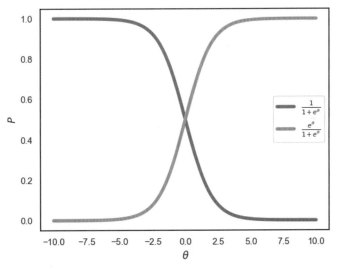

■图 4.1 蓝线代表 $P(y=0)$,橙线代表 $P(y=1)$

广义线性模型的第二个要求就是假设参数可以表达为未知参数的线形组合,$\theta = \pm \omega^T X$,所谓的 sigmoid 函数就是假设 $\theta = -\omega^T X$,但这并不是广义线性模型用在二分类问题中唯一的式。如果我们使用 sigmoid 函数,那么图 4.1 函数的单调性会变化,$P(y=1)$ 和 $P(y=0)$ 的图像会互换。sigmoid 函数并非本质意义上的,参数的正负号取决于我们如何将二分类的正负样本具体对应到伯努利分布的成功和失败事件。

至此,我们得到了一个用于分类的线性模型—逻辑回归(logistic regression),线性就体现在输出与输入的关系上,它的输出是 $\ln\left(\dfrac{p(y=1)}{p(y=0)}\right)$,大于零则判断为类别 1。如果我们想解决多分类的问题,一方面可以采取一对剩余(One-Vs-Rest)或者一对一(One-Vs-One)的方式将多分类问题转化为多组二分类问题,但会带来巨额的时间开销。

另一方面,我们直接面对多分类问题,更改广义线性模型的假设分布,比如多项分布,见定理 4.1。我们将多项分布写作指数分布族的形式:

$$P(y) = \left(\prod_i^{k-1} p_i^{I\{y=i\}}\right)\left(1 - \sum_j^{k-1} p_j\right)^{I\{y=k\}}$$

$$= \exp\left[\sum_i^{k-1} I\{y-i\}\ln(p_i) + I\{y=k\}\ln\left(1 - \sum_j^{k-1} p_j\right)\right]$$

$$= \exp\left[\sum_i^{k-1} I\{y=i\}\ln(p_i) + \left(1 - \sum_i^{k-1} I\{y=i\}\right)\ln\left(1 - \sum_j^{k-1} p_j\right)\right]$$

$$= \exp\left[\sum_i^{k-1} I\{y=i\}\ln\left(\frac{p_i}{1 - \sum_j^{k-1} p_j}\right) + \ln\left(1 - \sum_j^{k-1} p_j\right)\right]$$

其中,我们注意到这里得到的形式是 $\theta$ 和 $T(y)$ 乘积再求和,与指数分布族的直接乘积略微不同,但是对应元素乘积求和正好是向量的内积,所以我们只需要将 $\theta$ 和 $T(y)$ 看作一个 $k-1$ 维的向量,我们选取 $\theta$ 的某一元素,就可以被表示为:

$$\theta_i = \ln\frac{p_i}{1 - \sum_j^{k-1} p_j} \tag{4.6}$$

**定理 4.1(多项分布)** 多项分布(Multinomial):随机变量有 $k$ 个互斥的结果,第 $i$ 个结果的发生概率为 $p_i$,我们总共需要知道 $k-1$ 个结果概率,最后一个可以通过概率和为 1 求得,所以可将伯努利分布拓展得到:

$$P(y \mid p_1, p_2, \cdots, p_{k-1}) = \left(\prod_1^{k-1} p_i^{I\{y=i\}}\right)\left(1 - \sum_j^{k-1} p_j\right)^{I\{y=k\}}$$

其中,$I$ 为指示函数,只有当里面的关系为真时,会返回 1,否则返回 0。

我们也可以做简单的转换就可以得到概率的表达式,注意到 $\sum_j^{k-1} p_i = 1 - p_k$,所以同时将式(4.6)左右两边看作自然底数的指数,就可得:

$$p_i = e^{\theta_i} p_k \tag{4.7}$$

同时利用概率和为 1 的性质,即:

$$p_k\left(\sum_i^k e^{\theta_i}\right) = 1 \tag{4.8}$$

所以最终的形式就变为:

$$p_i = \frac{e^{\theta_i}}{\sum\limits_j^k e^{\theta_i}} = \frac{e^{\omega_i x}}{\sum\limits_i^k e^{\omega_i x}} \tag{4.9}$$

式(4.9)叫作softmax函数,我们也可以把它叫作指数归一化形式,可以简单高效地实现多分类目标。经过这样的处理,最后的输出为一个向量,每个元素代表着每一个结果的概率。在深度学习中,我们会使用这一函数来作为神经网络的输出单元。

## 4.2 对数损失和交叉熵

结合上文,我们得到了伯努利分布下的参数 $p$ 的表达式其实是一个逻辑回归的形式,目标值的分布就是一个条件分布。在独立同分布的假设下,所有目标值的联合分布就变为了乘积,我们可以对其采用极大似然估计作为我们的损失函数。因为涉及对数运算,方便利用式(4.4)中的指数形式,化简为:

$$\underset{\omega}{\text{argmax}} \frac{1}{m} \sum_i \left[ y_i \ln(p) + (1 - y_i) \ln(1 - p) \right] \tag{4.10}$$

将连接函数的反函数替换 $p$,并将最大化对数似然转化为最小化其负值:

$$\underset{\omega}{\text{argmin}} \frac{1}{m} \sum_i \left[ -y_i \theta + \ln(1 + e^{\theta}) \right] \tag{4.11}$$

上式就是对数损失,是 0-1 损失的一致性替代损失。从更深的图景去理解对数损失,会发现它是交叉熵(Cross Entropy)的一种特殊情况,交叉熵建立在信息熵的基础上,见定义(4.2),最小化交叉熵就是最小化两个分布的差异,确切地说,是最小化均匀分布和伯努利分布的差异,其中均匀分布的数据的信息熵为:

$$H(y_i) = \frac{1}{m} \sum_i -\log(P(y_i)) \tag{4.12}$$

**定义 4.2(信息熵)** 一个概率事件的自信息定义为:

$$I(x) = -\log P(x) \tag{4.13}$$

其中,对概率取对数,是为了满足联合概率的信息的可加性,即两个事件均发生的概率要相乘,但反映在信息量上要相加;取负值,是因为小概率的事件信息量更大,大概率事件的信息量更小。如果事件属于某个概率分布 $P$,那么可以将该概率分布的信息熵定义为自信息在该分布下的期望:

$$H(x) = E_p[-\log P(x)] \tag{4.14}$$

如果事件可以属于两个概率分布,分别记为 $Q$ 和 $G$。我们一方面可以分别计算出两个分布的信息熵,来比较两个分布不确定性的大小;另一方面也可以利用某一分布下两者自信息的差的期望值来比较两个分布的差异:

$$D_{\text{KL}}(G \parallel Q) = E_G[\log G(x) - \log Q(x)] \tag{4.15}$$

这一比较函数叫作 Kullback-Leibler 散度,它并不是对称的。交叉熵像 KL 散度一样都在

描述分布的差异,它加上了固定的项,被定义为:

$$H(G,Q) = D_{KL}(G \parallel Q) + H[G] = E_G[-\log Q(x)] \tag{4.16}$$

利用式(4.1)来拆解 $P(y_i)$,就可以得到负的对数似然式(4.2)。在深度学习中交叉熵被广泛使用。

## 4.3 逻辑回归的多项式拓展和正则化

使用 sigmoid 函数时,参数 $\theta = -\boldsymbol{\omega}^T X$,当 $\theta > 0$,有 $p(y=1) > p(y=0)$ 样本被判断为分类,当 $\theta < 0$,有 $p(y=1) < p(y=0)$,样本被判断为 0 分类。反映在特征空间上,则是 $\boldsymbol{\omega}^T X$ 的正负就决定了分类的结果,$\boldsymbol{\omega}^T X$ 就被称为决策函数(Decision Function)或者决策边界(Decision Boundary)。

线性算法的决策边界在特征空间上会表现为一条直线,对其做多项式拓展,即:

$$\theta = \omega_0 + \omega_1 x + \omega_2 x + \cdots \omega_n x^n \tag{4.17}$$

就可以用来近似非线性的边界。这与回归问题中对普通线性算法做多项式拓展后的非线性行为是类似的。只是回归曲线存在于样本空间中,衡量的是能否尽可能地拟合样本,决策边界存在于特征空间中,衡量的是能否通过一条曲线在特征空间中将样本区分开。如图 4.2 所示,对于回归问题,预测函数直接将特征值与目标值相联系,线性取决于预测函数的形式;对于分类问题,可以用决策函数划分两类样本,两类样本分别位于决策函数的上下方,线性取决于决策函数的形式。

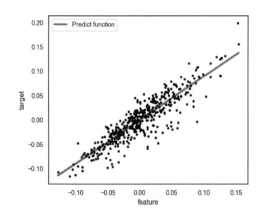
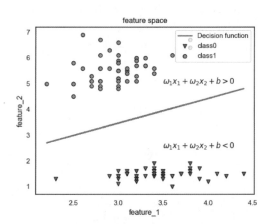

■图 4.2　左图为回归任务的样本空间,右图为分类任务的特征空间

逻辑回归自然也会存在过拟合的问题,在第 3 章中,我们已经采用了拉普拉斯先验分布来对应参数的 $L_1$ 正则化,高斯先验分布来对应参数的 $L_2$ 正则化,在这里同样可以对逻辑回归。做极大后验估计,先验分布和似然函数的乘积最终变为求和的形式,互不影响。以高斯先验分布为例:

$$p(\omega) = N(0, \sigma^2) \tag{4.18}$$

将式(4.2)加上先验分布的对数,就成为了:

$$\underset{\omega}{\operatorname{argmax}} \left[ \frac{1}{m} \sum_i \left[ y_i \ln(p) + (1 - y_i) \ln(1 - p) \right] + \sum_j^d \frac{1}{2\sigma^2} \omega_j^2 \right] \tag{4.19}$$

同样,我们可以假设拉普拉斯分布来进行参数的 $L_1$ 正则化。同时,我们也可以对整个后验分布进行估计,来得到贝叶斯 logistic 回归,但是因为似然函数是伯努利分布而无法使用共轭先验的性质,得不到后验分布的封闭式,所以只能采用一些近似方法,我们将在第 6 章详细讨论。

## 4.4　朴素贝叶斯分类器

根据 3.1 节的知识,逻辑回归是判别式模型,它假设了 $P(y|X)$ 为伯努利分布;另一个著名的分类模型——朴素贝叶斯分类器则是生成式模型,这是因为它采用了用频率估计概率的方式去计算 $P(X, y)$,再根据贝叶斯定理得出 $P(y|X)$。

为了得到联合分布 $P(X, y)$,我们可以将其拆作先验 $P(y)P(X|y)$,正是我们熟知的贝叶斯定理(这也是这类方法被叫作贝叶斯分类器的原因):

$$P(y \mid X) = \frac{P(y)P(X \mid y)}{P(X)} \tag{4.20}$$

其中,$P(y|X)$ 是类后验概率,是我们计算的结果,它的含义是给定样本下属于某一类的概率,我们会将每一类都做计算,然后选择概率最大的类别;$P(y)$ 是类先验概率,我们用数据集中的每一类占的比例来近似它。

$P(X|y)$ 是样本对于类别的条件概率,对它的计算隐含了"特征决定样本"这一自然思想,这一思想的主要内容是样本的不同在于特征取值的不同,如果特征相同就是同一个样本,所以样本 $X$ 就被表示为各个特征下的取值的联合概率,如果样本有 3 个特征,分别取值为 $x_1, x_2, x_3$,样本对于类别的条件概率就可以被表示为:

$$P(X \mid y) = P(x_1, x_2, x_3 \mid y) \tag{4.21}$$

我们可以将 $x_1, x_2, x_3$ 同时出现的样本数占属于该类别的样本数的比例作为概率,但此时,我们的计算会带来一个问题,如果数据量不大或者每个特征下的取值都很多,要找到同时出现特征值为 $x_1, x_2, x_3$ 的样本是很困难的,假设共有 $m$ 个样本,那么很可能条件概率对于每个样本都为 $\frac{1}{m}$,就失去了比较的意义。

解决该问题的一个思路是,假定特征的条件独立,见定义 4.3,将联合条件分布变为:

$$P(x_1, x_2, x_3 \mid y) = P(x_1 \mid y)P(x_2 \mid y)P(x_3 \mid y) \tag{4.22}$$

**定义 4.3(条件独立)**　如果两个事件 $A, B$ 在给定的另一事件下 $C$ 是独立的,有:

$$P(AB \mid C) = P(A \mid C)P(B \mid C) \tag{4.23}$$

条件独立意味着在发 $C$ 事件的前提下,事件 $A$ 的概率分布与事件 $B$ 无关。条件独立只针对条件概率分布,与 $A$、$B$ 事件本身是否独立无关。

样本对于类别的条件概率就变成了每个特征取值条件概率的乘积,这就是朴素的含义。在每个特征取值离散的情况下,条件独立假设区分了重要特征和非重要特征。相同类别的样本总是在某个特征下有着固定的取值,说明该取值对于分类是重要的,相应的该类别下具有这种取值的样本也会增加,频率更高,概率更大,就有了比较的价值。而在联合分布中重要特征可能就无法显现出来。

式(4.4)的分母项 $P(X)$ 的计算要求和所有的类别下的联合分布:

$$P(X) = \sum_y P(X,y) = \sum_y P(X \mid y)P(y) \tag{4.24}$$

因为要对所有类别求和,所以这一项对于所有类别后验概率的计算都具有相同的值。只有我们需要得到每一类别相应的后验概率才计算这一项,否则我们只需要判断哪一个类别的后验概率更大,就不必计算这一项。

## 4.5  拉普拉斯平滑和连续特征取值的处理方法

在上一节我们已经得到了一个可以直接进行分类任务的贝叶斯分类器,并且采用特征的条件独立性来避免联合概率相同,甚至在测试时出现概率为零的情况。但是条件独立性并不能完全避免概率为零的情形,假设测试样本的某个特征取值并未在训练样本中出现,就有 $P(x_n \mid y) = 0$,即便其他的特征值并不为零,因为特征取值的条件概率是连乘的形式,则会造成总体为零。

即便测试样本有着典型的类别特征取值,但此时的贝叶斯分类器会抹杀掉一切信息,直接输出零。为了尽可能避免该问题,我们可以扩充训练集。它有两方面的好处:在大数定理下,频率更接近于概率;样本的丰富性会使得出现上述情形的可能性降低。

事实上数据集会很难扩充到满意的程度,大部分时候我们会采用拉普拉斯平滑的办法来强行将未出现的特征取值条件概率不为零。考虑简单的二分类问题,我们用 $D_{yes}$ 表示数据集中标记为1的样本数,$D$ 来表示总的样本数,$N_1$ 表示类别数,在拉普拉斯修正下,先验概率的变化为:

$$P(y=1) = \frac{D_{yes}}{D} \rightarrow P(l=1) = \frac{D_1+1}{D+N_l}$$

我们继续用 $D_{1,x_1}$ 来表示数据集中既被标记为1,又在某个特征上取值 $x_1$ 的样本数,$N_i$ 表示这个特征所有的可能取值数,那么在拉普拉斯平滑下,类条件概率变化为:

$$P(x_1 \mid y=1) = \frac{D_{1,x_1}}{D_1} \rightarrow P(x_1 \mid l=1) = \frac{D_{1,x_1}+1}{D_{yes}+N_i}$$

我们会注意到,经过拉普拉斯平滑的类条件概率需要在分母加上该特征的所有取值数($N_i$),如果只是强行不为零,这一项似乎是不必要的。之所以这样做,就是因为随着样本丰富性的增加,特征的可能取值数也会增加,拉普拉斯平滑对结果的影响才会越来越小。

以上的讨论建立在特征取值均为有限离散的前提下,也就是说特征取值有 $N$ 种, $N_i$ 也是一个固定的数值。如果特征取值本身就是连续的,特征取值为无穷大($N_i \to \infty$),类条件概率就无法用频率来估计概率。

一个解决思路是将连续的特征取值划分区间,将连续转化为离散来处理,我们将区间做粒度,粗粒度对应着大的区间,细粒度对应着小的区间,粒度的粗细需要事先进行划分,也可以进行重复训练让机器学习到一个合适的粒度。

另一个解决思路是直接对某个特征下的条件概率进行建模,比如某个特征对于类别的条件概率假设为高斯分布, $x$ 是某一特征下的所有取值构成的向量:

$$P(x \mid y) = N(\mu, \sigma^2) \tag{4.25}$$

该分布也是一个条件分布,特定类别标记的数据在此特征下的所有取值就看作该分布下的随机变量,使用定理 4.2,就可以得到该分布的均值和方差。

**定理 4.2(样本估计总体)** 假定 $n$ 个随机变量 $X$ 是从总体中抽样而来,那么总体的均值 $\mu$ 和方差 $\sigma$ 可以从样本中估计得来,有:

$$\mu = \overline{X} \tag{4.26}$$

$$\sigma^2 = \frac{1}{n-1} \sum_{i}^{n} (X_i - \overline{X})^2 \tag{4.27}$$

其中,$1/(n-1)$ 是为了保证估计的无偏性。这是因为我们在估计总体的方差时需要利用到均值,使得原本独立的样本减少了一个自由度,此种估计也被叫作贝塞尔修正。

仍然遵循特征的条件独立性假设,将该分布下取值得到的概率密度与其余的特征下取值类条件概率相乘,式(4.4)就变为了:

$$P(x_1, x_2, x_3 \mid y) = N(x_1 \mid \mu, \sigma^2) P(x_2 \mid y) P(x_3 \mid y) \tag{4.28}$$

## 4.6 使用 scikit-learn

我们可以很方便地使用 sklearn 中的 Iris 数据集来作为我们的小白鼠,统计学家 Fisher 的使用而让其变得非常著名。它总共有 150 个样本,均匀分为 3 个类别,分别为 Setosa、Versicolour、Virginica,代表着鸢尾花的种类。具备 4 个特征,分别为 sepal length、sepal width、petal length、petal width,代表着萼片的长宽和花瓣的长宽。

使用逻辑回归获得决策边界时,一方面为了可视化的需要,我们只选取两个特征;另一方面为了避免引入更复杂的多分类问题,只选取两个类别。使用 sklearn 中的 decision_function 方法可以快速地画出决策边界,这一方法本质上是等高线,对于特征空间的每一个点都会做出预测,给出某一类别概率的相对大小。而模型的 predict 方法只会给出预测的类别。代码如下:

```
import numpy as np
from sklearn import datasets
from sklearn.linear_model import LogisticRegression as LR
```

```
import matplotlib.pyplot as plt
import seaborn as sns

data = datasets.load_iris()
X = data['data']
y = data['target']

X_1 = X[:,[1,2]][y!=0]
y_1 = y[y!=0]
feature_name = data.feature_names[1:3]
target_names = data.target_names[[1,2]]

logit = LR()
logit.fit(X_1, y_1)

def decision_boundary(model,X):
    def make_meshgrid(x, y, h = .02):
        x_min, x_max = x.min() - 0.5, x.max() + 0.5
        y_min, y_max = y.min() - 0.5, y.max() + 0.5
        xx, yy = np.meshgrid(np.arange(x_min, x_max, h),
                    np.arange(y_min, y_max, h))

        return(xx, yy)
    xx, yy = make_meshgrid(X[:,0],X[:,1])

    y_predict = model.decision_function(np.c_[xx.ravel(), yy.ravel()])
    Z = y_predict.reshape(xx.shape)
    plt.contourf(xx,yy,Z,cmap = 'RdBu',alpha = .9,zorder = 1)

sns.set(style = 'white')
decision_boundary(logit,X_1)
for c, i, target_name in zip("rb", [1,2],target_names):
    plt.scatter(X_1[y_1 == i,0], X_1[y_1 == i,1], c = c, label = target_name,\
        edgecolors = 'k',zorder = 2)
plt.xlabel(feature_name[0])
plt.ylabel(feature_name[1])
plt.legend()
plt.show()
```

如图 4.3 所示,我们可以看到概率的相对大小 $\ln\left(\dfrac{1}{1-p}\right)$ 用颜色的深浅直观地表示了出来,颜色越深,代表着属于每一类别的概率也就越大,颜色越浅,代表着这些点属于不同类别的概率趋近。不同颜色的交界面即线性逻辑回归的决策边界,样本离决策边界越远,属于某一类别的概率就越大,否则反过来。我们可以看到在决策边界的附近某些样本点并未被正确划分,这在一定程度上是允许的。

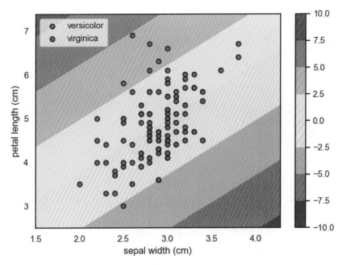

■图 4.3　线性逻辑回归的结果

　　紧接着我们可以对线性的逻辑回归添加算法使用多项式拓展,试图引入非线性。这里我们需要对进行多项式转换后的数据使用标准化方法(Standardization):

$$x' = \frac{x - \mu}{\sigma} \tag{4.29}$$

　　为什么我们不在线性逻辑回归中使用标准化处理呢?因为原始数据的每个特征都有着相同的量纲,特征也处在同一量级上。而多项式方法则不同,假设对两个特征$(x_1, x_2)$进行多项式转换,阶数为 2,特征就变为了$(x_1^2, x_2^2, x_1 x_2, x_1, x_2, 1)$,其中大部分特征的量纲发生了变化,仅仅是数值大小都可能会影响学习器的性能。甚至在一些算法中,都会把标准化数据作为前提。

　　对于逻辑回归这类线性算法,特征的数值大小不会预测结果,因为可以通过最佳参数的大小来适应这一变化,但也会影响我们的决策边界,所以进行标准化处理仍然是有必要的。同时我们采用 pipeline 方法将多项式、标准化和训过程用一个函数来完成。在上述代码的基础上添加:

```
from sklearn.pipeline import Pipeline
from sklearn.preprocessing import PolynomialFeatures
from sklearn.preprocessing import StandardScaler

def PolynomialLogisticRegression(d):
    return Pipeline([
        ('poly', PolynomialFeatures(d = degree)),
        ('std_scaler', StandardScaler()),
        ('log_reg', LR())
    ])
```

```
poly_logit = PolynomialLogit(degree = 10)
poly_logit.fit(X_1, y_1)

plt.figure()
decision_boundary(poly_logit,X_1)
for c, i, target_name in zip("rb", [1,2],target_names):
    plt.scatter(X_1[y_1 == i,0], X_1[y_1 == i,1], c = c, label = target_name,\
        edgecolors = 'k',zorder = 2)
plt.xlabel(feature_name[0])
plt.ylabel(feature_name[1])
plt.legend()

plt.show()
```

由图 4.4 可以发现，多项式使得决策边界变为了曲面，正确分类的样本数变得更多。我们对数据做分集测试，观察学习器性能随着多项式阶数产生的变化，从而可以确定最佳的阶数，此处不做详解；另一方面，sklearn 中的逻辑算法有两个重要参数，'penalty' 指定正则化的形式，'C' 指定正则化的强度。虽然默认参数就是 $L_2$ 正则化，正则化系数默认为 1，但我们还可以通过调节正则化的形式和正则化系数来使得学习器的性能更好。

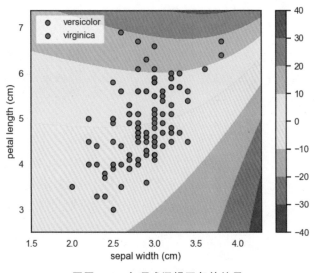

■图 4.4　多项式逻辑回归的结果

我们使用 Iris 的原始数据（并不需要可视化决策边界），观察 $L_1$ 正则化和 $L_2$ 正则化下的测试准确率随着正则化强度的变化，在上述代码的基础上，添加如下代码：

```
from sklearn.model_selection import cross_validate

inv_strength = np.linspace(0.5,30,50)
scorer = 'accuracy'
penalty_strength = dict(l1 = inv_strength,l2 = inv_strength)
```

```
plt.figure()
for i in penalty_strength.keys():
    test_score = []
    for j in penalty_strength[i]:
        logit = LR(penalty = i, C = j)
        score_dict = cross_validate(logit, X, y, cv = 5, scoring = scorer)
        test_score.append(score_dict['test_score'].mean())
    plt.plot(inv_strength, test_score, linewidth = 4, label = i.capitalize())
plt.xlabel('inverse of regularization strength')
plt.ylabel('test accuracy')
plt.legend()
plt.show()
```

从图 4.5 可以看出，随着正则化强度的减少，测试准确率极速上升后渐渐趋于稳定。$L_1$ 正则化的曲线则在较大的强度下有着一个波峰，$L_2$ 正则化则没有这样的表现，可能代表着某些特征的去除更有利于性能的提高。

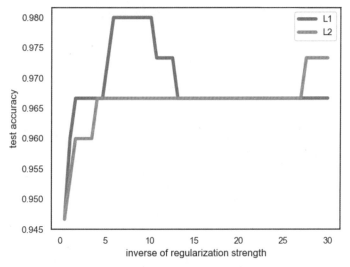

**■图 4.5　纵轴为测试准确率，横轴为正则化强度的倒数**

关于逻辑回归的最后，我们从工程角度讨论一下它如何应用到多分类的问题中。OVR（One-Vs-Rest）是典型的重复训练方法，它每次将一个类别作为正类别，其余的类别作为负类别，最终训练出 $N$ 个学习器（$N$ 为类别数目）。对于测试样本，这些学习器都会给出属于正类别的概率，我们采用最大的概率对应的类别。

而 OVO（One-Vs-One）是对于每一对类别进行训练，总共需要训练 $C_N^2 = \dfrac{N(N-1)}{2}$ 个训练器，对于测试样本，将学习器预测最多的类别（投票）作为结果。OVR 为什么不使用投票法呢，因为它更像是正类别的学习器，$N$ 个学习器对应着 $N$ 个类别，我们选取概率最大的类别是从中选取将此类别作为正类别的学习器。

OVR 与 OVO 相同点都是将多分类问题转化为二分类问题来处理,不同则是随着类别的增加,OVO 的训练器远远多于 OVR,但 OVO 每一个训练器所训练的样本要少于 OVR。

另一种多分类办法则是假设了多项分布的 softmax 函数。sklearn 提供了两种方法,分别为'ovr'和'multinomial',分别对应着上文中的 OVR 和 softmax 函数。我们分别采用这两种方法对 Iris 数据做分类,在上述代码基础上,添加如下代码:

```
X_2 = X[:,[1,2]]
multiclass = dict(Softmax = 'multinomial',OVR = 'ovr')
def predict_boundary(model,X):
    def make_meshgrid(x, y, h = .02):
        x_min, x_max = x.min() - 0.5, x.max() + 0.5
        y_min, y_max = y.min() - 0.5, y.max() + 0.5
        xx, yy = np.meshgrid(np.arange(x_min, x_max, h),
                    np.arange(y_min, y_max, h))
        return(xx, yy)
    xx,yy = make_meshgrid(X[:,0],X[:,1])
    y_predict = model.predict(np.c_[xx.ravel(), yy.ravel()])
    Z = y_predict.reshape(xx.shape)
    plt.contourf(xx,yy,Z,cmap = 'RdBu',alpha = .5,zorder = 1)


plt.figure()
for i,j in enumerate(multiclass.keys()):
    lr = LR(multi_class = multiclass[j],solver = 'sag')
    lr.fit(X_2, y)
    plt.subplot(1,2,i + 1)
    predict_boundary(lr,X_2)
    for c, i, target_name in zip("rbg", [0,1,2],data.target_names):
        plt.scatter(X_2[y == i,0], X_2[y == i,1], c = c, label = target_name,\
            edgecolors = 'k',zorder = 2)
    plt.title(j)
    plt.xlabel(feature_name[0])
    plt.ylabel(feature_name[1])
    plt.legend()
plt.show()
```

如图 4.6 所示,可以看到 softmax 和 OVR 所给出的决策边界并不相同。使用 OVR 时,判定 versicolor 类别为正类时,明显存在一定的困难,因为并不存在一条直线可以将 versicolor 和其他类别区分开来,强行划分的结果只能是尽可能地保证正确分类的结果尽可能多,数据的轻微扰动会对决策边界产生巨大的影响。OVR 中三个学习器中间的决策函数我们会在第 6 章介绍支持向量机,它所得出的决策边界具有更好的稳定性。

接下来,我们搭建一个简单的朴素贝叶斯分类器,根据前面的理论,朴素贝叶斯分类器主要是利用频率来估计概率,我们要实现三点要求:

- 获得类别数和各类别的样本数,并将其保存,以此来计算先验概率;
- 获得特征的取值数和特征的不同取值在各类别下的出现次数,并将其保存,以此来

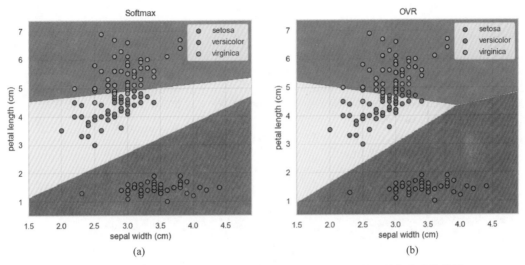

■图 4.6 （a）为 softmax 进行多分类的结果，（b）为使用 OVR 进行多分类的结果

计算类条件概率；

• 读取数据的过程中，不断更新先验概率和类条件概率。

我们可以用 Python 很快定义一个学习器类和一个读取数据的函数：

```
class Bayes:
    def __init__(self,getdata):
        self.getdata = getdata
        self.fn = {}                              # 统计各类别的特征取值数目
        self.cn = {}                              # 统计各个类别的样本数目
    def cn_change(self,label):                    # 类别更新
        self.cn.setdefault(label,0)50 4.6.        # 使用 scikit - learn
        self.cn[label] += 1
    def fn_change(self,n,f,label):               # 特征数和特征取值数的更新
        self.fn.setdefault(n,{})
        self.fn[n].setdefault(f,{})
        self.fn[n][f].setdefault(label,0)
        self.fn[n][f][label] += 1
    def f_count(self,f,label):                    # 对特征进行计数
        if f in self.fn and label in self.fn[f]:
            return(self.fn[f][label])
        return(0)
    def label_count(self,label):                  # 对类别计数
        if label in self.cn:
            return(self.cn[label])
        return(0)
    def label_total(self):                        # 总的样本数
        return(sum(self.cn.values()))
    def train(self,item,label):                   # 进行增量学习
```

```
        data = self.getdata(item)
        for n,f in zip(range(len(data)),data):
            self.fn_change(n,f,label)
        self.cn_change(label)
    def piror(self,label):
        return(self.cn[label]/self.label_total())        # 计算先验概率
    def likeihood(self,n,f,label):                        # 计算似然
        if f in self.fn[n]:
            if label in self.fn[n][f]:
                p = self.fn[n][f][label]/self.cn[label]
                return(p)
        return(0)
    def test(self,item,label):                            # 对新样本进行判别
        data = self.getdata(item)
        p_lh = 1
        for n,f in zip(range(len(data)),data):
            p_lh *= self.likeihood(n,f,label)
        p_pir = self.piror(label)
        return(p_lh * p_pir)
    def getdata(data):                                    # 读取数据
        return(dict([(round(d,1),1) for d in data]))
```

其中，Bayes 类的 fn 的数据结构是一个嵌套的字典（出于容易理解的角度），我们完全可以使用数组。另外，我们为学习器提供了训练和测试方法，用 Iris 数据训练学习器，然后预测 $[4.9, 3.1, 5.0, 1.8]$ 的样本，并且将不同的类后验概率打印出来：

```
from sklearn.datasets import load_iris
data = load_iris()

bayes = Bayes(getdata)
for i in range(len(data.target)):
    bayes.train(data.data[i],data.target[i])
for i in range(3):
    print(data.target_names[i],bayes.test([4.9,3.1,5.0,1.8],i))
```

结果如下，左边为类别名，右边的数字表示新样本属于这一类的概率：

```
setosa 0.0
versicolor 1.5999999999999998e-07
virginica 7.04e-06
```

可以注意到，新样本在 virginica 下的后验概率较大，就可以说，新样本更有可能属于 virginica。但同时，我们还会注意到，新样本在类别 setosa 下的后验概率为零，这说明新样本绝不可能是 setosa 吗？我们会想到这很可能是因为新样本的某个特征值对于 setosa 的类条件概率为零，导致整体为零，我们引入拉普拉斯平滑，将 Bayes 类中的 piror 和 likeihood 改为：

```
def piror(self,label):
    return((self.cn[label] + 1)/(self.label_total() + len(self.cn))) #计算先验概率
def likeihood(self,n,f,label): #计算似然
    if f in self.fn[n]:
        if label in self.fn[n][f]:
            p = (self.fn[n][f][label] + 1)/(self.cn[label] + len(self.fn[n]))
            #Laplace 平滑
            return(p)
    return(1/(self.cn[label] + len(self.fn[n]))))
```

再继续进行训练,发现拉普拉斯平滑很好地避免了该情况:

```
setosa 2.0056794423633514e - 07
versicolor 2.5672696862250893e - 07
virginica 3.850904529337635e - 06
```

如果我们发现某一特征下的取值非常之多,几乎每一项都需要利用拉普拉斯修正,那么就可以考虑用一个分布来代替类条件概率。sklearn 提供了 4 种朴素贝叶斯的算法,分别为GaussianNB、MultinomialNB、ComplementNB、BernoulliNB。因为我们需要连续的分布,多项分布随着状态数的增多会趋近连续,所以我们选用多项分布和高斯分布作为类条件概率,来处理两个特征的 Iris 数据(与逻辑回归使用的数据相同):

```
from sklearn import datasets
import matplotlib.pyplot as plt
import seaborn as sns
from sklearn.naive_bayes import GaussianNB
from sklearn.naive_bayes import MultinomialNB
import numpy as np

data = datasets.load_iris()
X = data['data'][:,[1,2]]
y = data['target']

distr = dict(Gaussian = GaussianNB(),Multinomial = MultinomialNB())

def surface_bayes(model,X,y):
    def make_meshgrid(x, y, h = .02):
        x_min, x_max = x.min() - 0.2, x.max() + 0.2
        y_min, y_max = y.min() - 0.2, y.max() + 0.2
        xx, yy = np.meshgrid(np.arange(x_min, x_max, h),\
            np.arange(y_min, y_max, h))
        return(xx, yy)
    model.fit(X,y)52
    xx,yy = make_meshgrid(X[:,0],X[:,1])
    Z = model.predict(np.c_[xx.ravel(),yy.ravel()])
    Z = Z.reshape(xx.shape)
```

```
        plt.contourf(xx, yy, Z, cmap = 'RdBu', alpha = .5, zorder = 1)
        for c, i, target_name in zip("rbg", [0,1,2], data.target_names):
            plt.scatter(X[y == i,0], X[y == i,1], c = c, label = target_name, \
                edgecolors = 'k', zorder = 2)

    sns.set(style = 'white')
    for i, j in enumerate(distr.keys()):
        plt.subplot(1,2, i + 1)
        surface_bayes(distr[j], X, y)
        plt.title(j)
        plt.legend()
    plt.show()
```

如图 4.7 所示,可以发现多项分布的结果要差于高斯分布,这可能是因为高斯分布比多项分布更接近真实分布。但更可能与分布的参数有关,高斯分布只有两个参数,而根据定理 4.1,在某一特征下的所有取值均对应着参数 $P_i$,$i$ 是特征取值,这意味着我们需要从样本中估计大量的参数,更容易影响最后的结果。

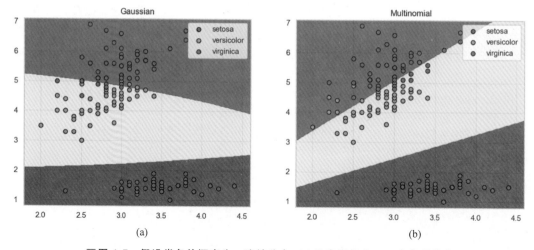

■ 图 4.7 假设类条件概率为一连续分布,(a)为高斯分布,(b)为多项分布

# 第5章　非参数模型

　　第 4 章的朴素贝叶斯分类器依据特征的条件独立假设和少量的数学法则就可以简单建立起来,并不需要定义损失函数,即便在处理连续特征取值引入了连续分布,但参数从样本估计而来,而非优化的目标。如果模型本身并不携带需要估计的参数,意味着不需要对分布做出任何假设,而是通过训练数据的统计性质就可以确定模型的结构,这类办法叫作非参数办法。

## 5.1　K 近邻与距离度量

　　前面曾经提过"特征决定样本",如果特征相同,那么就是同一个样本,否则我们应该注意数据是否有误,或者有隐变量未被收集到特征中去。一个自然的推论就是,特征的相似性就是样本的相似性。$k$ 近邻(k Nearest Neighbors)算法就是建立在这一假设之上,它面对分类问题时,将与其最相似的 $k$ 个样本所标记的类别做投票或者加权投票,结果作为预测的类别;面对回归的问题时,将与其最相似的 $k$ 个样本的目标值做平均或者加权平均,结果作为预测的目标值。图 5.1 是 KNN 算法的一个简单示例,说明 $k$ 的大小对结果的影响。

　　$k$ 近邻算法原理非常自然,但仍有两个关键性的问题。其一就是该如何比较两个样本的相似度,它与相关度不同,相关度衡量的是随机变量会随着另外一个随机变量如何变化,我们前面提到过的皮尔逊相关系数、spearman 相关系数、互信息都是在衡量相关度。机器学习假设了我们采用的样本是独立同分布,样本之间的相关度无从谈起。相似度衡量的是样本的接近程度,我们可以用特征空间的距离来表达接近的程度,越近,则相似度越高。

　　但这并不意味着相似度和相关度毫无联系,特征相关度会影响样本

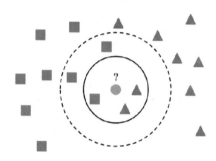

■图5.1 圆点表示新样本,三角和矩形点表示两个不同的类别,从图中可以看出,$k=3$
的时候,新样本会被判定为三角类别,当 $k=5$ 时,新样本会被判定为矩形类别

相似度的计算,比如马哈拉诺比斯距离(Mahalanobis Distance),见定义5.1,以下称之为马氏距离。马氏距离有两种理解方式,一种是考虑特征相关性会对距离的计算产生影响,协方差矩阵非对角元表示的是特征之间的相关度,距离计算相较于原来会沿着特征相关的方向拉长或者缩小。如果特征之间线性独立,那么协方差矩阵就是对角矩阵。

另一种则是协方差矩阵的引入转换了特征空间,新的特征空间是由原特征之间的线性组合作为轴,新的特征彼此正交,距离计算要先经过特征空间的转换。图5.2为原始特征正相关下的马氏距离的"单位圆",圈上的每一点都在马氏距离度量下等于1。对应着我们的两条思路:其一,距离计算相较于原来会沿着特征相关的方向拉长,而在相关正交的方向会缩小;其二,原始的特征空间会组合为新的特征,构成马氏距离度量空间的正交基矢。事实上这种思路对应着特征提取,我们会在第7章学习到以 PCA 为代表的一系列特征提取方法,新的特征方向是协方差矩阵最大特征值对应的特征向量的方向。

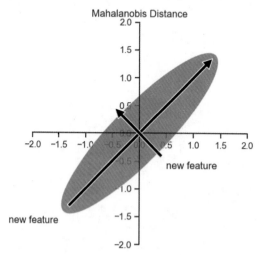

■图5.2 马氏距离的可能"单位圆",黑色箭头代表新的特征,由原特征组合而成

**定义 5.1**(马哈拉诺比斯距离和欧几里得距离) 假设 $d$ 符合独立同分布的数据有 $d$ 个特征,有样本 $s_1=(x_1,x_2,x_3,x_4,\cdots,x_d)$ 和样本 $s_2=(y_1,y_2,y_3,y_4,\cdots,y_d)$,数据的协方

差矩阵为 $\boldsymbol{\Sigma}$，则马哈拉诺比斯距离被定义为：

$$d(s_1,s_2)=\sqrt{(s_1-s_2)^{\mathrm{T}}\overset{-1}{\sum}(s_1-s_2)}$$

协方差矩阵就成了单位矩阵，就得到了欧几里得距离：

$$d(s_1,s_2)=\sqrt{(s_1-s_2)^{\mathrm{T}}(s_1-s_2)}$$

如果我们对特征做了标准化再进行距离计算，则协方差矩阵并非单位矩阵，则是对角矩阵 $\boldsymbol{W}$，对应着标准化的欧几里得距离：

$$d(s_1,s_2)=\sqrt{(s_1-s_2)^{\mathrm{T}}\boldsymbol{W}(s_1-s_2)}$$

其中，$W_{ii}=\dfrac{1}{\sigma_i^2}$ 为第 $i$ 个特征的方差的倒数，表示分布更为集中的特征会在距离计算上有着更大的权重。

除了考虑特征相关度和特征重要性的马氏距离，另外一种常用的距离叫作闵可夫斯基距离（Minkowski Distance），以下称为闵氏距离，它定义为：

$$\left(\sum_{i}^{d}\mid x_i-y_i\mid^p\right)^{\frac{1}{p}} \tag{5.1}$$

参数 $p$ 与向量范数（定义 1.4）中的作用一致，当 $p=1$ 就得到了曼哈顿距离（Manhattan Distance），当 $p=2$ 就得到了欧几里得距离，当 $p\to\infty$ 就得到了切比雪夫距离（Chebyshev Distance），图 5.3 描述了不同的距离度量下的"单位圆"，可以看出闵氏距离的参数具体对应着不同形状的划分方式，在固定 $k$ 的前提下，这些划分直接决定了所包含的具体样本。

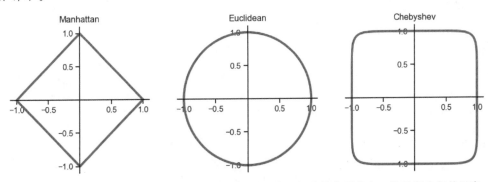

■图 5.3 从左到右分别为曼哈顿距离、欧几里得距离和切比雪夫距离在二维特征空间的示意

## 5.2 K 近邻与 kd 数

距离定义问题的解决意味着我们可以使用 $k$ 近邻算法去做一些简单的任务，我们对每一个新样本计算它与整个训练集数据的距离，然后选出最近的 $k$ 个，然后将这 $k$ 个的目标

值或者类别标签用来预测新样本。但对于多特征的大数据集,这一做法由于时间复杂度太高而不切实际,如果我们用于存储数据的结构中本身就包含了距离信息,那么就可以减少计算距离的次数,从而更快地找出最近的 $k$ 个点。

假设数据的特征只有一维,我们可以先对训练数据进行排序,然后采用二分搜索(Binary Search)将新样本定位到两个数据之间,最后按照按顺序来依次找出 $k$ 个最近点。二叉搜索树建立在二分搜索的基础上,见定义 5.2,二叉搜索树的每一个非叶节点都代表着对数轴的一次切分。通过根据数据构建好的二叉搜索树,我们可以快速地查找到距离最近的 $k$ 个点,平衡的二叉搜索树在理论上要比非平衡的搜索速度更快。

**定义 5.2**(二叉搜索树)  二叉搜索树的任意节点的左子树和右子树均为二叉搜索树,它们均满足左子树上的节点值小于根节点、右子树上的节点值大于根节点。在构造二叉搜索树时就完成了排序,如果是已经排好序的数据,那么构造的二叉搜索树将没有左子树(从小到大排序)或者右子树(从大到小排序)。

如果数据的特征为二维($x_1$ 和 $x_2$),我们就可以借鉴一维情况的思想,将非叶节点视为对两条轴的轮流切分,按以下流程构建:

(1) 首先我们对 $x_1$ 轴进行切分,切分点如果选择数据在该特征上分布的中位数,那么就会让得到的结构更为平衡,该切分点就作为第一个节点。所有在 $x_1$ 轴上小于该节点的数据进入左子树,否则进入右子树。

(2) 然后,左子树和右子树上的数据分别对 $x_2$ 轴进行切分,继续生成相应的左子树和右子树。

(3) 对所有子树重复上述两步。当某子树只包含一个数据点,则停止切分。

我们将得到的树叫作 kd 树(k-Dimensional Tree),这里的 k 与 $k$ 近邻含义不同,它指的是数据的维度。如图 5.4 所示,我们首先选取某一特征下的取值 7 作为切分轴,将特征空间分为两部分(大于 7 和小于 7),生成的两个特征子空间分别再根据另一特征下的取值 4 和 6 作为切分轴,直到每个叶节点上都只有一个数据点。在实际使用中,各个特征下的切分值一般选取该空间包含数据在此特征取值下的中位数,这样可以使树尽可能平衡,保证查询效率。

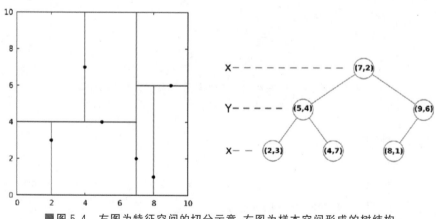

■图 5.4    左图为特征空间的切分示意,右图为样本空间形成的树结构

## 5.3　决策树和条件熵

树作为较常见的数据结构,也可以作为一种机器学习算法。比如决策树(Decision Tree),它模仿了人类的决策过程,如图 5.5 所示,决策中要回答一系列问题,这些问题构成了内部的节点,而我们最后采取的行动构成了叶节点。

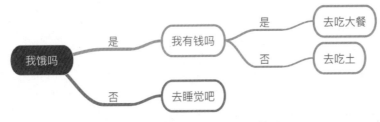

■图 5.5　人对于一个问题的决策过程

对应在机器学习的分类问题上,叶节点就表示一个类,内部节点表示某种判断规则。决策树最初步的问题,不是树的形状,而是我们提出"好的问题"作为判断规则,才会使得我们沿着树的路径一直回答问题,直到得出正确的结果。

好的问题就是对我们分类最有用的判断,如果我们能够通过一次判断就可以正确地分类,那么这个问题必然抓住了有价值的信息。虽然往往做不到这一点,但我们至少可以将同一类的样本都尽可能地往树的同一个方向走,而不同类的样本要尽可能往不同的方向走。从第 4 章的对数损失和信息论节中介绍的信息熵(定义 4.2)可以看出,信息熵有着两个特点:

(1)不同类的样本集合越是均匀(即不同类样本等概率),信息熵就越大。反之,信息熵越小,说明某一样本的比例可能越大。换而言之,一个系统的不确定性越大,信息熵就越大。

(2)样本都是均匀的两个系统,包含更多类样本的系统,信息熵也会更大。

图 5.6 可以对应信息熵的两个主要特点,在伯努利分布下的成功失败概率相等时,信息熵最大,在均匀分布下的可能结果数越多,信息熵越大。

因为特点(1)的存在,我们就可以利用信息熵的变化来选择最适合作为判断规则的特征。熵如果因为某个特征而减小,就意味着类别的不确定性下降了,下降得越多,越说明该特征的分类能力越强。判断后的信息熵可以用条件熵来描述,见定义 5.3。我们用特征 $F$ 表示某个特征,$D$ 表示分类任务,我们需要计算:

$$H(D) - H(D \mid F) \tag{5.2}$$

$$= H(D) - \sum_F p(f) H(D \mid F = f) \tag{5.3}$$

这两者的差也被叫作信息增益(information gain),描述了给定特征 $F$ 后使得分类不确定性减小的程度。

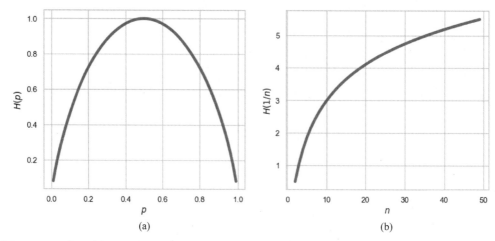

■图 5.6　(a)表示伯努利分布下信息熵随概率 $p$ 的变化,(b)表示均匀分布下信息熵随类别数 $n$ 的变化

**定义 5.3(条件熵)**　条件概率 $P(Y|X=x)$ 的信息熵是指当 $X=x$ 对变量 $Y$ 的影响,变量 $B$ 对变量 $A$ 的条件熵就是考虑全部的 $X$ 取值,是条件概率的信息熵在 $X$ 概率分布下的期望值:

$$H(Y \mid X) = \sum_X p(x) H(Y \mid X = x)$$

可以进一步拆开为:

$$H(Y \mid X) = -\sum_X p(x) \sum_Y p(y \mid x) \log(y \mid x)$$

$$= -\sum_X \sum_Y p(x,y) \log(y \mid x)$$

假设数据集中第 $k$ 类样本出现的概率为 $P_k$,$L$ 是总的类别数,信息熵则是:

$$H(D) = -\sum_{k=1}^{L} P_k \log P_k \tag{5.4}$$

如果我们选取的特征下的某个取值 $f$ 会使得样本集合 $D$ 变成 $d$,$d$ 就是在某个特征下具有相同取值的样本集合,设定 $l$ 是新的集合中包含的类别数,$P_v$ 是在 $d$ 中每一类所占的比例,此时数据集 $d$ 的信息熵就是 $H(D|F=f)$:

$$H(D \mid F = f) = -\sum_{v=1}^{l} P_v \log_2 P_v \tag{5.5}$$

假设特征 $F$ 有 $n$ 个取值,标记为 $f_1, f_2, \cdots, f_i, \cdots, f_n$,那么我们求取确定取值 $f_i$ 下信息熵的期望值:

$$H(D \mid F) = \sum_{i}^{n} \frac{|d_i|}{|D|} H(D \mid F = f_i) \tag{5.6}$$

这样得到了熵和特征对分类的条件熵之后,就可以对每一个特征进行这样的计算,挑选出信息增益最大的特征,然后将该特征的所有取值作为下一层的节点,如此循环。但是根据

特点（2），特征的取值数 $n$ 越大，信息熵也就会越大，从而造成信息增益率越大。如何理解这样的不合理呢？考虑一个极端的情况，特征取值数太多，造成每个取值下的样本数只有 1 个，使得式（5.5）中的 $P_v = 0$，条件熵为零，虽然此时信息增益最大，但是太过于"精细"以至于泛化能力低下。

对信息增益方法的改进就是惩罚取值数过多的特征，关于特征取值数的信息熵为：

$$H(F) = -\sum_i^n \frac{|d_i|}{|D|} \log \frac{|d_i|}{|D|} \tag{5.7}$$

当我们的数据集固定好以后，$H(F)$ 对于特征 $F$ 是确定的。我们用信息增益除去特征取值数的信息熵来实现惩罚效果，这样就得到了信息增益率（gain ratio）：

$$\frac{H(D) - H(D \mid F)}{H(F)} \tag{5.8}$$

无论采取怎样的算法，决策树都试图通过有限步骤内的每一步来尽可能地将样本分开，采取的还是贪心策略，对样本直接进行建模，并没有考虑特征和目标值的联合分布，所以是判别式模型的一种。并且在生成树的过程中，比较每个特征的信息增益或者增益率，也是对特征对任务的贡献程度进行比较，从而实现特征重要程度排序。

## 5.4 决策树的剪枝

我们在上文中说，决策树的"精细"会导致泛化能力低下，与回归曲线精确地绕过每一个样本点、决策边界精确地分开每一个样本点一样，极端复杂的决策树精确地将每一个样本点分配给一个叶节点。其复杂度体现在两个方面：

（1）树的深度。随着递归调用次数的增加，节点分裂的次数也就会越多，意味着模型的规则变得越来越复杂。

（2）叶节点包含的样本个数。如果它包含的样本太少，说明决策树为少量的样本创建了规则，使每一个样本被划分正确，很有可能就出现了过拟合。

一般来说树根越深，叶节点也就越多，叶节点包含的样本也就越少。我们主要采用剪枝（prune）的办法来防止过拟合的产生，所谓的剪枝就是将树某些节点去掉来降低树的规模，主要有两种方法来实现：

其一是预剪枝（prepruning）。这里面"预"就是指提前，在树生成之前就对其进行剪枝。其实，这里进行的根本就不是剪枝，而是每次生成枝叶的时候，就对样本做分集测试，判断该节点生成前和生成后的泛化误差。如果在生成节点的过程中，决策树的泛化误差将提升，我们就停止生成该节点，并将该节点变为叶节点，样本数较多的类别作为该叶节点的输出。如果泛化误差降低了，那就生成该节点。

预剪枝与优化过程中的提前终止所起到的作用是一致的，都是通过观察每一步的泛化误差来决定自己的下一步，只是预剪枝是在决定要不要生成节点，而提前终止是在决定要不要继续迭代。缺点也是一样的，都是一种贪心策略，当前如果不能提升，并不代表下一步不能提升,有些时候,保留当前节点确实会使泛化误差上升,但在保留当前节点的前提下,继续保留下一节点却会使得泛化误差下降,所以我们在使用预剪枝的时候,也可以设置patience,泛化误差连续下降几次才生成该节点,以尽可能地让它多走几步。

其二是后剪枝(postpruning)。与预剪枝相反,后剪枝会在树生成之后对其剪枝,它会按照树的顺序由上到下,将每一个节点替换成叶节点,本质上,就是把原本不输出结果的节点,替换成了输出结果的节点。在做每一次剪枝之前,仍然需要对样本做分集测试,判断该节点删除之后和删除前的泛化误差。如果在删除节点的过程中,决策树的泛化误差将提升,我们就确定删除该节点,如果泛化误差降低了,那就保留该节点。

在后剪枝时,有一个普遍的错误认识,那就是认为预剪枝使用了贪心,而后剪枝没有使用贪心,所以后剪枝的性能往往要比预剪枝好。事实上,后剪枝同样使用了贪心,我们在删除节点的过程中,也只是在考虑当前节点的影响,有时候,删除当前节点确实会使泛化误差下降,但保留当前节点,删除另一节点却会使得泛化误差下降得更多,但后剪枝往往会把两个节点全部删除。后剪枝的性能之所以比预剪枝好,是因为它在生成之后才进行剪枝,往往比预剪枝的规模更大,更不容易发生欠拟合。

在实际应用中,我们可以通过限制树的最大深度,叶节点包含的最大样本数,叶节点的最大数量等来限制树的复杂度,虽然将这些作为超参数调试比较方便,但是效果上不如直接剪枝带来的性能更好。

## 5.5　连续特征取值的处理方法和基尼指数

我们会注意到在树的生成过程中,每个节点分裂出的子节点数目取决于该特征下的取值数,如果特征只有两个取值,那么得到的决策树就是二叉树,并且可以保证分裂的节点中包含的样本数量较多。但如果所有的特征取值数都是连续的,甚至每个样本在特征上的取值均不相同,就无法避免地出现过拟合的情况,剪枝也无从下手。

朴素贝叶斯也面临过相同的问题,它的解决办法是:对连续取值的特征假设一个连续分布。但这样的解决思路会引入参数。在决策树中,我们通常使用二分法(bipartiton)来解决这个问题,它分为三步:

(1) 首先,我们对连续属性值 $F$ 进行排序,形成$(f_1, f_2, f_3, \cdots, f_n)$。

(2) 确定二分法的划分点 $b$,将属性值划分为两类,$(f_1, f_2, f_3, \cdots, f_b)$ 和 $(f_{b+1}, f_{b+2}, \cdots, f_n)$,分别表示小于 $b$ 的特征值和大于 $b$ 的特征值。一般地,有无穷个点可以将 $F$ 划分为相同的两类,我们取两个相邻取值的中点作为划分点。

(3) 因为每个划分点都会把特征取值划分为两类,将原本 $n$ 个连续特征值的信息熵转化为大于 $b$ 和小于 $b$ 这两个值的信息熵,式(5.6)就会变为:

$$H(D \mid F) = \frac{|d_1|}{|D|} H(D \mid F > b) + \frac{|d_2|}{|D|} H(D \mid F < b)$$

我们就可以清楚地看到,对于属性的连续取值,所谓的二分法是把原本的很多取值变为只有两个取值，分别是大于某点的取值，和小于某点的取值。二分法只负责分为两份，而不管是不是均匀。如果我们的连续属性值有 $n$ 个，那么划分点 $b$ 的可能取值就有 $n-1$ 个，我们需要对划分点进行遍历，找到那个使我们信息增益（或者信息增益率）最大的划分点。

同样的道理，我们同样可以尝试三分法、四分法，只是我们进行搜索的代价也会增加。比如考虑三分法，我们需要估计两个划分点（两个划分点不可区分），对于 $n$ 个值，划分点的可能情况就有 $\dfrac{(n)(n-1)}{2}$。

此外，连续特征处理也可以不采用熵来作为判断规则，而是采用基尼指数来实现，见定义 5.4。著名的 CART 算法就是采用了基尼指数，假设特征 $F$ 有 $n$ 个取值，我们遍历每个连续取值，将数据集分为两类，$d_1(F=f_i)$ 和 $d_2(F \neq f_i)$，此时的基尼指数就为：

$$Gini(D, F=f_i) = \frac{|d_i|}{|D|}Gini(d_1) + \frac{|d_2|}{|D|}Gini(d_2) \tag{5.9}$$

**定义 5.4（基尼指数）**　如果从数据集中随机挑选两个样本，类别标记不一致的概率越大，意味着类别的不确定性越高，所以我们可以用不一致的概率来作为判断规则，基尼指数就是基于此定义，假设数据集中第 $k$ 类样本出现的概率为 $P_k$，$L$ 是总的类别数，基尼指数就为：

$$Gini(D, F=f_i) = \frac{|d_1|}{|D|}Gini(d_1) + \frac{|d_2|}{|D|}Gini(d_2)$$

基尼指数越小，代表着类别不一致的概率越小，不确定性越小。

从图 5.7 可以看出，错误率的曲线在半熵和基尼指数的下面，说明我们在使用决策树来降低熵或者基尼指数的同时，也在降低着错误率。我们计算每个特征的每个取值下的基尼指数，然后选取能够使基尼指数最小的特征和相应的取值，每次的划分规则就是"是否等于该取值"，所以 CART 算法的分类任务得到的决策树均为二叉树。

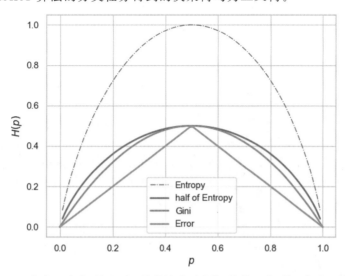

■图 5.7　考虑二分类，从上到下的曲线分别为熵、熵的一半、基尼指数和错误率

## 5.6　回归树

决策树用于回归任务的主要思路是将连续的空间离散化,目标值和特征值作为一个整体被切分,如图 5.8 的图(a),我们先依据某个特征来进行切分,该切分点尽可能地将差距较大目标值的样本分开,比如挑选了 $X_2$ 作为特征,$X_2=0.7$ 作为最佳切分点,将差距较大的 1 和 3 分开,然后在子节点上继续进行这一操作。

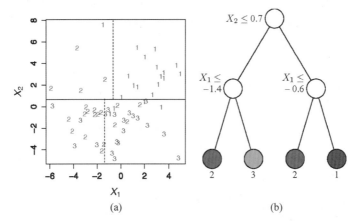

■图 5.8　(a)表示回归树在特征空间的切分方式,(b)表示相应的树结构

真正的问题是我们如何选择该特征,以及该特征上的最佳切分点。我们来考虑最简单的单变量回归数据,我们的样本只有一个特征:x,和一个目标值:y。$m$ 个样本的集合就可以被表示为 $(x_1, y_1), (x_2, y_2), (x_3, y_3) \cdots (x_m, y_m)$。采取与 5.5 节一样的做法,我们采用二分法,划分点就有 $n-1$ 种,对于其中的可能划分点 b,会把我们的目标值和特征值所组成的数据同时划分为 $d_1$、$d_2$,我们在此基础上定义平方损失:

$$\sum_{d_1} (y_i - \overline{y}_{d_1})^2 + \sum_{d_2} (y_i - \overline{y}_{d_2})^2 \tag{5.10}$$

$y_i$ 是样本的目标值,$\overline{y}_{D_1}$ 是 $D_1$ 所包含样本的目标值的平均值。整个损失,其实就是切分后各个样本集合损失之和。所以我们对每一个划分点做如上的计算,挑出损失最小对应的划分点,作为我们的最佳切分点。

目前我们挑选的只是固定特征下的最佳切分点。如果将特征拓展到更多,我们对每一个特征都做出如上的操作,然后将拥有最小损失的特征作为最佳特征。换而言之,我们用每个特征最佳切分点对应的损失作为该特征的损失,最佳特征和其对应的最佳划分点是同时得出的。

我们每生成一个节点,就是对特征空间的一块区域进行了划分,如此往复,直到所有的切分方式差异较小就可以停止递归。极端的情况是如果无终止地划分下去,每一小块区域都只有一个样本时,决策树叶节点也只包含了一个样本,就对应着我们上文中的过拟合。

## 5.7 使用 scikit-learn

KNN 算法所包含的三个要点分别为 $k$ 的大小、判断的规则和距离函数,我们分别对这三个要素做具体的研究,主要通过二维特征空间的结果可视化来定性地探究其影响。

首先我们在经典的 Iris 数据中使用 KNN 算法,分别采用小的 $k$ 值和大的 $k$ 值来对数据集中的每个样本进行预测。虽然这里我们并没有进行分集,但直接利用数据集也可以看出来这三要素的影响。

```python
import numpy as np
import matplotlib.pyplot as plt
from sklearn import neighbors, datasets
import seaborn as sns
from sklearn.neighbors import DistanceMetric

iris = datasets.load_iris()
X = iris.data[:,:2]
y = iris.target

def surface_plot(model, X, y):
    def make_meshgrid(x, y, h = .02):
        x_min, x_max = x.min() - 0.2, x.max() + 0.2
        y_min, y_max = y.min() - 0.2, y.max() + 0.2
        xx, yy = np.meshgrid(np.arange(x_min, x_max, h), \
            np.arange(y_min, y_max, h))
        return(xx, yy)
    model.fit(X, y)
    xx, yy = make_meshgrid(X[:,0], X[:,1])
    Z = model.predict(np.c_[xx.ravel(), yy.ravel()])
    Z = Z.reshape(xx.shape)
    plt.contourf(xx, yy, Z, cmap = plt.cm.RdBu, alpha = .8)
    for c, i, target_name in zip("rgb", [0,1,2], iris.target_names):
        plt.scatter(X[y == i,0], X[y == i,1], c = c, label = target_name, \
            edgecolors = 'k')
weight = 'distance'

sns.set(style = 'whitegrid')
for j,k in enumerate([1,27]):
    clf = neighbors.KNeighborsClassifier(k, weights = weight)
    plt.subplot(1,2,j+1)
    surface_plot(clf, X, y)
    plt.title("3 - Class classification (k = %i, weights = '%s')" %
```

```
    (k,weight))
    plt.legend()
plt.show()
```

从图 5.9 中可以看出,大的 $k$ 值会尽可能地平均多的结果,因为样本的判别都要利用更大的样本集合,这样就相当于对大量的样本做了平均化,决策边界自然也就会变得更加光滑。较小的 $k$ 值则不会产生这样的效果,尤其等于 1 的时候,表示我们只通过与其距离最近的点来判断该点的类别,就无法区分具有相似特征的不同类别。

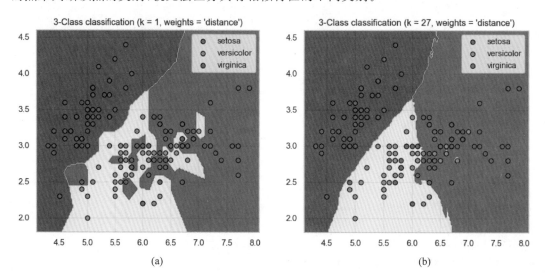

■图 5.9  使用加权平均投票和欧几里得距离的 KNN 算法,(a)为 $k=1$ 的预测结果,(b)为 $k=27$ 的结果

接下来,我们改变不同的距离度量,来探究其对 KNN 算法结果的影响,具体对比欧几里得距离和切比雪夫距离,在上述基础上添加如下代码:

```
plt.figure()
for j,dist in enumerate(['euclidean', 'chebyshev']):
    clf = neighbors.KNeighborsClassifier(algorithm = 'auto', n_neighbors = 7,
        weights = weight, metric = dist)
    plt.subplot(1, 2, j + 1)
    surface_plot(clf, X, y)
    plt.title("3 - Class classification (k = % i, distance = '% s')" % (7, dist))
    plt.legend()
plt.show()
```

如图 5.10 所示,采用不同的距离对结果的影响较小,微小的差异主要集中在 versicolor 和 virginica 的分界面,这可以说明欧几里得距离和切比雪夫距离在这里具有相当的一致性,可以部分说明特征有着统一的量纲。

然后我们在该数据上使用决策树算法,分别将判断准则设为信息熵和基尼指数,在上述

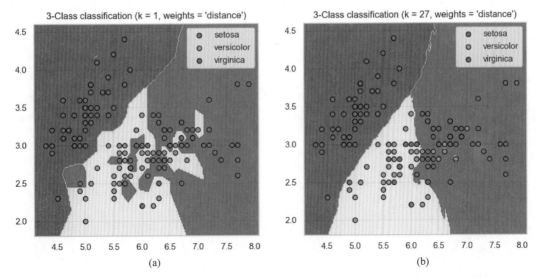

■图 5.10　$k=7$ 时的 KNN 算法,(a)为欧几里得距离的结果,(b)为切比雪夫距离的结果

代码基础上添加以下代码:

```
import graphviz
from sklearn import datasets
from sklearn.tree import DecisionTreeClassifier as DTC

sns.set(style = 'whitegrid')
for j,k in enumerate(['entropy','gini']):
    clf = DTC(criterion = k)
    plt.subplot(1,2,j + 1)
    surface_plot(clf,X,y)
    plt.title("Decision Tree Classifier with % s" % k)
    plt.legend()
plt.show()
```

如图 5.11 所示,无论采取什么样的划分准则,决策树的决策边界总是平行于特征轴,这是因为决策树的每一个节点都对应着一次划分,这样的划分总是递归地在子空间进行。对于决策树这类解释性比较强的算法来说,更重要的是我们要获得决策图,从而可以直观地看到整个决策流程,使用 graphviz 工具,并在上述基础上添加如下代码,就可以得到决策图文件:

```
import graphviz

dot_data = tree.export_graphviz(clf, out_file = None,
            feature_names = iris.feature_names[:2],
        class_names = iris.target_names,
        filled = True, rounded = True,
            special_characters = True)
graph = graphviz.Source(dot_data)
graph.render('Decision Tree')
```

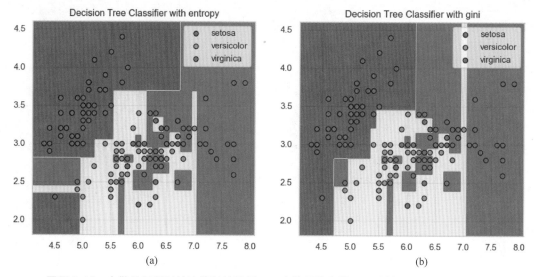

■图 5.11　未做任何限制的决策树的结果,(a)为使用信息熵,(b)为使用 Gini 指数的结果

如图 5.12 所示,注意到决策图是根据 $Gini$ 指数来作为划分准则,所以最后的决策树是二叉树。同时也可以发现这颗决策树规模较大,叶节点包含的样本特别少,对于少量的样本单独创建的一些规则,可能是过拟合的表现。

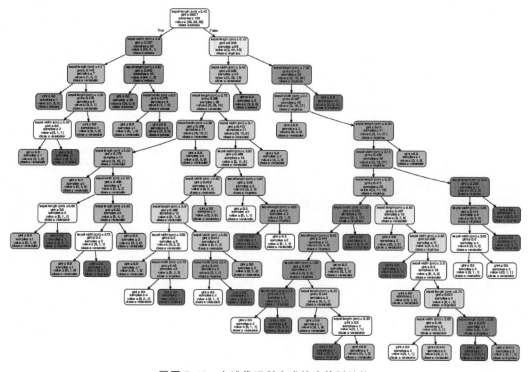

■图 5.12　上述代码所生成的决策树结构

我们接下来对树的深度做出限制,并采取 10 折的交叉验证来分别观察训练准确率和测试准确率随树深度的变化,在上述代码基础上添加如下代码:

```
from sklearn. model_selection import cross_validate

test_acc = [ ]
train_acc = [ ]
depths = range(1, 20)
for d in depths:
    clf  = DTC(criterion = 'gini', max_depth = d)
    clf_dict = cross_validate(clf, X, y, cv = 10, scoring = 'accuracy')
    test_acc. append(clf_dict['test_score']. mean())
    train_acc. append(clf_dict['train_score']. mean())
sns. set(style = 'white')
plt. plot(depths, train_acc, 'b - ', label = 'Train Accuracy')
plt. plot(depths, test_acc, 'r - ', label = 'Test Accuracy')
plt. xlabel('Max Depth')
plt. ylabel('Accuracy')
plt. legend()
plt. show()
```

如图 5.13 所示,随着树深度的增加,模型的拟合能力不断增加,泛化性能却是先增加后下降,表示增加到一定程度发生了过拟合。

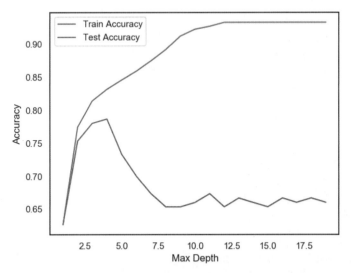

■图 5.13  决策树的训练准确率和测试准确率随着树深度的变化

并且从图 5.13 中可以看出,当树的深度为 4 的时候,模型的测试误差最小。所以我们限制模型的深度为 4,延续上述的步骤就可以将对应的模型可视化,如图 5.14 所示,可以看到性能更好的树规模也小了不少。

以上的实践均是面对分类任务,接下来我们尝试使用 $k$ 近邻和回归树来进行回归任

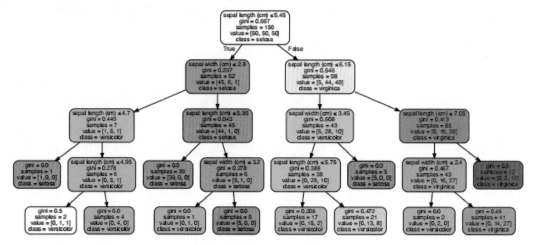

**■图 5.14　决策树在限制深度为 4 的时候训练完成后的结构**

务。我们构建一个包含噪声的正弦函数,分别利用深度为 2 和 5 的决策树以及 $k$ 为 1 和 10 的 $k$ 近邻学习器来完成学习,代码如下:

```python
import numpy as np
from sklearn.tree import DecisionTreeRegressor
from sklearn.neighbors import KNeighborsRegressor
import matplotlib.pyplot as plt
import seaborn as sns

def DT(depths, X, y):
        plt.scatter(X, y, c = 'k', s = 10, label = 'data')
        for depth in depths:
        DT_reg = DecisionTreeRegressor(max_depth = depth)
        DT_reg.fit(X, y)
        y_pre = DT_reg.predict(X)
        plt.plot(X, y_pre, label = 'depth = % s' % depth)
        plt.xlabel('X')
        plt.ylabel('y')
        plt.title('Decision Tree for regression')
        plt.legend()

def KNN(neighbors, X , y):
    plt.scatter(X, y, c = 'k', s = 10, label = 'data')
    for neighbor in neighbors:
        KNN_reg = KNeighborsRegressor(neighbor)
        KNN_reg.fit(X, y)
        y_pre = KNN_reg.predict(X)
        plt.plot(X, y_pre, label = 'neighbor = % s' % neighbor)
        plt.xlabel('X')
        plt.ylabel('y')
```

```
        plt.title('KNN for regression')
        plt.legend()

X = np.linspace(0, 10, 80)[:, np.newaxis]
y = np.sin(X) + np.random.rand(80,1)

sns.set(style = 'white')
plt.subplot(1, 2, 1)
DT([2, 5], X, y)
plt.subplot(1, 2, 2)
KNN([1,10], X, y)

plt.show()
```

从图 5.15 中可以看出,对于回归树来说,树的深度其实就是递归的次数,递归的次数越少,表示对特征空间划分的次数越少,所以深度为 5 的回归树更加复杂,但它们均与特征轴平行;对于 $k$ 近邻来说,$k$ 的大小决定了局部的相关性,$k$ 越大,表示与其相关的局部范围越大,与分类任务表示类似,大的 $k$ 值会将整体平均化,所以图中 $k=10$ 的曲线看起来像是 $k=1$ 的曲线的平均值。

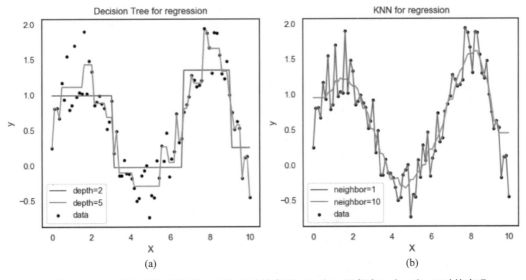

■图 5.15　(a)为回归树在深度为 2 和 5 时的表现,(b)为 $k$ 近邻在 $k$ 为 1 和 10 时的表现

# 第6章 核方法

　　获取非线性是提高机器学习模型的重要方法,采用多项式算法在原则上可以逼近任意的函数,但是特征数量一旦变大,计算量就会暴增使得这一非线性途径变得不可行。核方法是一个能够优雅计算高维变换后样本内积的方法,数学上理论优美,计算量较小。只是核方法往往和支持向量机联系在一起,而拉格朗日乘子用来求解问题的思路,会让初学者感到很头疼,事实上,核方法并不是一种和支持向量机绑定的技巧,在很多模型中我们都可以灵活地加入它来获取非线性。

## 6.1　核方法的本质

　　线性模型是机器学习中最简单的模型,很多模型都隐含着高斯分布的假设,事实上高斯分布就对应着线性,因为高斯分布一个非常好的性质就是它们的线性组合仍然是高斯分布。线性回归要求预测函数是线性函数,线性分类要求决策函数是线性函数,在大部分时候,特征空间中数据往往不是线性的,而我们又想要找到一个线性的预测函数或者决策函数。方法之一就是将特征空间升高维度,相当于对变量做一个转换:$x \to \phi(x)$,使得线性不可分的样本变得线性可分。

$$f(x) = \boldsymbol{\omega}^{\mathrm{T}} x + b$$
$$\Downarrow$$
$$f(x) = \boldsymbol{\omega}^{\mathrm{T}} \phi(x) + b$$

　　如图 6.1 所示,经过提升维度的操作,将二维特征空间的非线性决策边界变为了三维空间的线性决策边界(超平面),从而实现了简化问题的目的。

　　虽然升高特征空间的维度可以将一个非线性问题转换为线性问题,

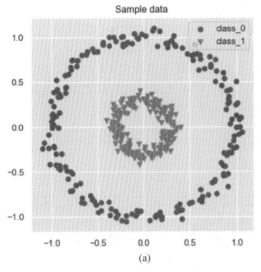
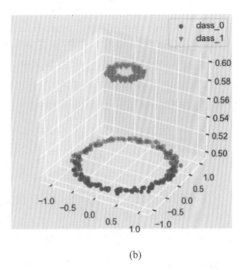

Sample data

(a)　　　　　　　　　　　　(b)

■图6.1　（a）为原始特征空间，（b）为升高维度的特征空间

但这样的转化却会带来计算的困难。以5.7节的$k$近邻为例,在低维空间我们需要算$x^{\mathrm{T}}x$作为样本的距离,而在高维空间我们需要算$\phi(x)^{\mathrm{T}}\phi(x)$。如果只是先做高维变换,再做内积,计算的复杂度主要来自于向量乘法,复杂度就会变得很大。核技巧（kernel trick）并不神秘,我们用它可以非常方便地直接计算$\phi(x)^{\mathrm{T}}\phi(x)$。究竟方便在哪里呢,我们以多项式核（polynomial kernel）为例来说明这一点,首先我们定义某个样本$x$有$d$个分量:

$$x=(x_1,x_2,\cdots,x_n)$$

我们做的高维变换是做一个多项式变换（degree＝2）,将$d$维向量扩展为:

$$\phi(x)=(1;x_1,x_2,\cdots,x_d;x_1^2,x_1x_2,\cdots,x_1x_d;\cdots,x_dx_1,x_dx_2,\cdots,x_d^2)$$

需要注意,上面的式子存在很多重复项,比如$x_1x_d$和$x_dx_1$,但这并不重要,在后面它们都会被写作统一的形式。我们对变换后的样本做内积:

$$\phi(x)^{\mathrm{T}}\phi(y)=1+\sum_{i=1}^{d}x_iy_i+\sum_{i=1}^{d}\sum_{j=1}^{d}x_ix_jy_iy_j$$

我们分别叠加上式的一次项、二次项、四次项,其中,四次项也可以拆成:

$$\sum_{i=1}^{d}\sum_{j=1}^{d}x_ix_jy_iy_j=\sum_{i=1}^{d}x_iy_i\sum_{j=1}^{d}x_jy_j$$

上式出现了各元素的相应乘积再求和的操作,这正好对应着内积:

$$x^{\mathrm{T}}y=\sum_{i=1}^{d}x_iy_i$$

至此,这个degree为2的多项式核对应的高维向量的内积就可以用低维空间的内积表示出来,写作:

$$\phi(x)^{\mathrm{T}}\phi(y)=1+x^{\mathrm{T}}y+(x^{\mathrm{T}}y)^2 \tag{6.1}$$

核方法的威力就在于此,我们可以不先进行高维变换,再在高维空间做内积,而是直接在低维空间做内积,经过简单的加法就可以得到我们想要的结果,计算量大大降低。

我们把式(6.1)等号右边的形式叫作核函数(Kernel Function):$\kappa(x,y)=\phi(x)^{\mathrm{T}}\phi(y)$,同时,我们可以发现,核函数是依靠内积定义,交换 $x$,$y$ 函数保持不变,所以有 $\kappa(x,y)=\kappa(y,x)$,体现了核函数的对称性。另外在数据集 $D$ 中,样本之间的内积都有着相应的核函数表示,整个数据集就有着内积矩阵:

$$A = \begin{bmatrix} \kappa(x_1,x_1) & \kappa(x_1,x_2) & \cdots & \kappa(x_1,x_{n-1}) & \kappa(x_1,x_n) \\ \vdots & & \ddots & & \vdots \\ \kappa(x_n,x_1) & \kappa(x_n,x_2) & \cdots & \kappa(x_n,x_{n-1}) & \kappa(x_n,x_n) \end{bmatrix}_{n \times n} \quad (6.2)$$

这其实就是由 $\phi(x_i)\phi(x_j)^{\mathrm{T}}$ 所构成的内积矩阵,而内积矩阵是半正定的。我们也把这个矩阵叫作核矩阵(Kernel Matrix)。在很多时候我们并不需要知道高维变换的具体形式,只需直接利用核矩阵的结果来完成计算即可,事实上,有的高维变换是将有限的特征空间拓展为无穷维,比如高斯核(Guassian Kernel),它在形式上就是一个高斯函数:

$$\kappa(x_i x_j) = \exp\left(-\frac{\|x_i - x_j\|^2}{2\sigma^2}\right) \quad (6.3)$$

可以看到它所做的是一种样本匹配,如果原空间内的两个样本距离很近,高斯函数的结果就接近 1,表示匹配成功,如果距离很远,高斯函数的结果就接近 0,表示匹配失败。$\sigma$ 作为参数调节"近"的范围,如图 6.2 所示,原本距离相同的两个样本通过高斯核的计算结果随着参数 $\sigma$ 的增大而增大,参数越大,表示距离很远的样本都可以被匹配。

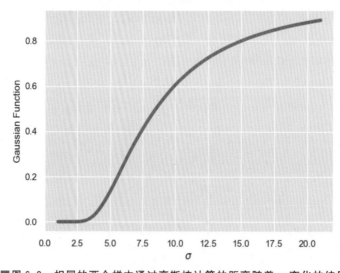

■图6.2    相同的两个样本通过高斯核计算的距离随着 $\sigma$ 变化的结果

那么当我们使用高斯核函数的时候,高维映射的具体形式是怎样的呢?我们从上述定义出发,并对指数项进行泰勒展开,并合并类似的项:

$$\exp\left(-\frac{\parallel x_i - x_j \parallel^2}{\sigma^2}\right) = \exp(-x_i^2)\exp(-x_j^2)\exp\left(\frac{x_i x_j}{\sigma^2}\right)$$

$$= \exp(-x_i^2)\exp(-x_j^2)\left(\sum_{n=0}^{\infty}\left(\frac{x_i x_j}{\sigma^2}\right)^n / n!\right)$$

$$= \sum_{n=0}^{\infty}\left[\exp(-x_i^2)\exp(-x_j)^2\left(\frac{x_i x_j}{\sigma^2}\right)^n / n!\right]$$

$$= \sum_{n=0}^{\infty}\left[\left(\exp(-x_i^2)x_i^n\frac{1}{\sigma^n}\sqrt{\frac{1}{n!}}\right)\left(\exp(-x_j^2)x_j^n\frac{1}{\sigma^n}\sqrt{\frac{1}{n!}}\right)\right]$$

$$= \phi^{\mathrm{T}}(x_i)\phi(x_j)$$

其中,高维向量被表示为:

$$\phi(x) = e^{-x^2}\left(1, \frac{x}{\sigma}, \frac{x^2}{\sigma^2\sqrt{2}}, \cdots, x^n\frac{1}{\sigma^n}\sqrt{\frac{1}{n!}}\right) \tag{6.4}$$

从上式可以看出高斯核对应着一个无穷维的特征变换。每一种核函数都隐含着一个新的特征变换,寻找到好的核函数是必要的,见定理 6.1,Mercer 定理给出了一种检验合法核矩阵的条件,另一种构建核矩阵的方法是已经获悉的核矩阵的线性组合,但是为了满足半正定性,组合系数必须都大于等于零。

**定理 6.1(矩阵的半正定性和 Mercer 定理)** 如果对称矩阵 $K$ 对于任意的实向量均有 $x^{\mathrm{T}}Kx \geqslant 0$,就称作该矩阵为半正定矩阵。从图像来理解,$Kx$ 对应着向量 $x$ 的变换,矩阵的半正定性是指任意实向量经过该变换与原本的向量夹角小于等于 $90°$,因为:

$$\cos(\theta) = \frac{x^{\mathrm{T}}Kx}{\mid x \parallel Kx \mid} \geqslant 0$$

Mercer 定理则给出了核函数的合法条件,矩阵 $K$ 定义在数据集 $D$ 上,元素为 $K_{ij} = \kappa(x_i, x_j)$,如果该矩阵满足半正定性就可以被当作合法的核函数来使用。也有一种说法是要满足对称性,但对于希尔伯特空间,对称性是内积矩阵天然的性质。

## 6.2 对偶表示和拉格朗日乘子法

我们在求解最优化的问题时,模型的参数会显式的包含在损失函数中,例如在回归问题中,极大似然估计法给出的最大化条件与均方误差最小化的等价关系,最终得到参数。但在某些情况下,为了得到更好的性能,我们将损失函数转化为一种等价的形式,参数不再显式的包含在损失函数中。我们求解的就是对偶问题(Dual Problem),所得到的新的表示叫作对偶表示(Dual Representation)。

在许多机器学习模型中,我们都可以将其优化函数重写作对偶形式,例如考虑添加 $L_2$ 正则化的线性模型,用 $t$ 来表示目标值,那么损失函数就是:

$$L(\omega) = \frac{1}{2} \sum_{n=1}^{N} \{ \boldsymbol{\omega}^{\mathrm{T}} \phi(x_n) - t_n \}^2 + \frac{1}{2} \boldsymbol{\omega}^{\mathrm{T}} \omega \tag{6.5}$$

其中 $\phi(x_n)$ 是对 $x_n$ 的变换,通常是高维变换。如果我们令优化函数对参数 $\omega$ 的梯度为零,表示着优化函数的极值点,那么参数总可以被表示为 $\phi(x_n)$ 的线性组合:

$$\omega = -\frac{1}{\lambda} \sum_{n=1}^{N} \{ \boldsymbol{\omega}^{\mathrm{T}} \phi(x_n) - t_n \} \phi(x_n) = \sum_{n=1}^{N} a_n \phi(x_n) = \boldsymbol{\Phi}^{\mathrm{T}} a \tag{6.6}$$

其中,我们定义了向量 $a$ 中每个元素:$a_n = -\frac{1}{\lambda} \{ \boldsymbol{\omega}^{\mathrm{T}} \phi(x_n) - t_n \}$,如果我们将重写后的参数代入原优化函数就会得到:

$$L(a) = \frac{1}{2} a^{\mathrm{T}} \Phi \Phi^{\mathrm{T}} \Phi \Phi^{\mathrm{T}} a - a^{\mathrm{T}} \Phi \Phi^{\mathrm{T}} t + \frac{1}{2} t^{\mathrm{T}} t + \frac{\lambda}{2} a^{\mathrm{T}} \Phi \Phi^{\mathrm{T}} a \tag{6.7}$$

我们可以发现上式中存在着变换后的向量的内积,就对应着核函数:

$$K_{nm} = \phi(x_n)^{\mathrm{T}} \phi(x_m) = k(x_n, x_m) \tag{6.8}$$

我们可以利用式(6.6)式和向量 $a$ 的定义,将线性回归模型重新写作:

$$y(x) = \boldsymbol{\omega}^{\mathrm{T}} \phi(x) = \boldsymbol{a}^{\mathrm{T}} \Phi \phi(x)^{\mathrm{T}} (K + \lambda I_N)^{-1} t \tag{6.9}$$

我们不仅将优化函数用核函数来表示,而且将模型本身也表示为了核函数与目标值的乘积(预测值等于训练集数据目标值的线性组合),这意味着我们可以直接计算核函数来隐式地使用高维空间变换,而不需要知道具体的变换形式。

大部分的线性模型都存在着对偶表示,但得到对偶表示的方法却可能不太一样。在无约束下,对偶表示可以很便利地从损失函数对参数的一阶导数得到,但在有约束的情况下,我们可能就要使用拉格朗日乘子法来获得对偶表示,见定义6.1,可以将一个约束条件转化为一个变量来进行求解,如果我们有 $K$ 个条件,那么最后就要增加 $K$ 个变量。

**定义 6.1(拉格朗日乘子法)** 在等式约束的情形下,我们在 $h(x, \omega, t) = c$ 的情形下,优化 $\mathrm{argmin}_{\omega} L(x, \omega, t)$,我们引入拉格朗日乘子 $\lambda$,将这个问题转化为拉格朗日函数的极值问题:

$$\mathcal{L}(x, \omega, t, \lambda) = L(x, \omega, t) + \lambda(h - c) \tag{6.10}$$

对其求极值就可以得到局部最优解:

$$\nabla \mathcal{L}(x, \omega, t, \lambda) = \nabla L(x, \omega, t) + \lambda \nabla(h - c) \tag{6.11}$$

这是因为等式约束条件下,寻找极值的过程就是在参数空间沿着约束等式的路径寻找原函数的等高线,如果没有等式与等高线没有交点则意味着没有解,存在多个交点则意味着不是最优值,只有在相切的时候才意味着找到了一个解,而在相切的时候,它们的梯度方向是平行的,就有:

$$\nabla L(x, \omega, t) = \pm \lambda \nabla(h - c) \tag{6.12}$$

式(6.12)就对应着拉格朗日函数的极值形式,可以看出,拉格朗日乘子的意义只是对向量进行放缩。

从等式约束的拉格朗日乘子法中可以发现,正则化下的优化函数就可以被看作是一种等式约束下的拉格朗日函数。如果面对更为复杂的非等式约束,例如著名的线性支持向量机(Support Vector Machine)的损失函数被定义为:

$$\underset{\omega,b}{\arg\max} \frac{1}{\|\omega\|} \min_{n} t_n(\omega^{\mathrm{T}}x+b) \tag{6.13}$$

其中 $\omega^{\mathrm{T}}x+b$ 表示的是线性的决策边界,$t_n$ 是样本的标签,取值为 $\{-1,1\}$,如果 $t_n(\omega^{\mathrm{T}}x)>0$ 则表示分类正确。样本 $x$ 到决策边界的垂直距离为 $\dfrac{t_n(\omega^{\mathrm{T}}x+b)}{\|\omega\|}$。如果我们只关注分类正确的样本,这些点与决策边界的距离就为 $\dfrac{\omega^{\mathrm{T}}x+b}{\|\omega\|}$,最外层的 max 表示间隔最大化,里面的 min 表示决策边界只取决于支持向量,也就是离边界最近的异类样本,而与其他的点无关,这也是 SVM 对异常点并不敏感的原因。

为了将里面的 min 去掉,我们设定这些距离决策边界最近的点与决策边界的距离为 1,那么所有的数据点就都会满足:

$$\sum_{i} t_i(\omega^{\mathrm{T}}x_i+b) \geqslant 1 \tag{6.14}$$

其中,$i$ 的取值是所有数据。在上式的限制下,我们需要优化的就是:

$$\underset{\omega,b}{\arg\max} \frac{1}{\|\omega\|} \tag{6.15}$$

为了保证后续求导的方便,我们将上式的最大化目标等价为最小化 $\|\omega\|^2$,相应的拉格朗日函数就可以被写作:

$$L(\omega,b,\lambda) = \|\omega\|^2 + \sum_{i} \lambda_i[t_i(\omega^{\mathrm{T}}x_i+b)-1] \tag{6.16}$$

此时,我们面对着非等式约束的优化问题,需要引入 KKT 条件(Karush-Kunh-Tucker Conditions)来将问题简化,见定理 6.2,它本身并不提供寻找最优解的算法,而是从数学上限定了最优解需要满足的条件。

**定理 6.2(KKT 条件)** 如果我们在不等式的条件下,优化 $\arg\min_\omega L(x,\omega,t)$,我们将不等式拆成两部分,在 $g(x,\omega,t)=0$ 时,我们得到的是等式约束,极值存在于 $\nabla L(\omega^*)= \pm\lambda \nabla g(\omega^*)$,为了确保这是一个极值,任何的移动都会造成方向导数的增大,所以要求 $L(\omega^*)$ 与 $g(\omega^*)$ 梯度方向相反,在标准的拉格朗日形式中($\mathcal{L}=L+\lambda g$),这个条件就要求:

$$g(x^*)=0, \quad \lambda>0 \tag{6.17}$$

在 $g(x,\omega,t)>0$ 时,我们并没有要求,就可以直接最小化 $L$,相当于求:

$$\nabla L(x^*)=0, \quad \lambda=0 \tag{6.18}$$

将上述条件结合起来,首先是极值条件:

$$\nabla\mathcal{L}=0 \tag{6.19}$$

另一个是关于整合两种情况下的约束条件的形式,可以表示为:

$$\lambda g(x^*)=0 \tag{6.20}$$

这个条件也被叫作互补松弛条件。同时对新引入的参数 $\lambda$ 做总结:

$$\lambda \geqslant 0 \qquad (6.21)$$

最后将原本的约束条件写下来：

$$g(x) \geqslant 0 \qquad (6.22)$$

这些条件合起来就构成了 KKT 条件，是我们寻找到的最优解需要满足的条件。

根据 KKT 条件式，我们就可以对 6.16 式进行关于参数 $\omega, b$ 求导，并令一阶导数为零，就可以得到：

$$\omega = -\frac{1}{2} \sum_i \lambda_i t_i x_i \qquad (6.23)$$

$$0 = \sum_i \lambda_i t_i \qquad (6.24)$$

使用以上得出参数 $\omega, b$ 的表达式，将其带入式 (6.16)，消去原来参数，得到只携带 $\lambda_i$ 的对偶形式：

$$\mathcal{L} = -\frac{1}{2} \sum_i \sum_j \lambda_i \lambda_j t_i t_j x_i^{\mathrm{T}} x_j + \sum_i \lambda_i \qquad (6.25)$$

可以注意到此时出现了 $x^{\mathrm{T}} x$，我们就可以在这里使用核方法，对偶表示的优势才会体现出来。否则在特征维度 $(\omega)$ 远远低于数据量 $n$ 的情况下，对偶表示甚至会带来计算量的增加。同时，我们可以使用同样的方法将线性决策边界重新写为：

$$y(x) = \sum_i \lambda_i t_i x^{\mathrm{T}} x_i + b \qquad (6.26)$$

同样我们也可以使用核方法将线性边界拓展为非线性的边界。这里需要注意的是，我们对新对偶形式的求解，限制条件是 KKT 下的剩余条件：

$$\lambda_i \geqslant 0 \qquad (6.27)$$

$$t_i y(x_i) \geqslant 1 \qquad (6.28)$$

$$\lambda_i (t_i y(x_i) - 1) = 0 \qquad (6.29)$$

限制条件式 (6.29) 中隐藏着一个有趣的性质，那就是必有 $\lambda_i = 0$ 或者 $t_i y(x_i) = 1$。当 $\lambda_i = 0$ 时，意味着这些数据点不会对决策边界构成任何影响，因为在式 (6.26) 中，$\lambda_i = 0$ 的数据点不会对预测有贡献。当 $t_i y(x_i) = 1$ 时，正好就对应着距离决策边界最近的那些点。这一限制条件实际上是在说，真正需要保留的只是支持向量，它们决定了决策边界，这也是支持向量机稀疏性的来源，其余所有点并不对决策边界产生影响。

## 6.3 常见算法的核化拓展

前面我们已经得到了岭回归（Ridge Regression）的对偶表示，现在我们来使用一种更直接定理来得到与前面相同的结果。前面我们先是对损失函数求导，令一阶导数为零，然后将其代入原函数中，但是我们根据表示定理（Representer Theorem），见定理 6.3，它说明了对于更为一般的携带正则化项的损失函数可以方便地得出对偶表示,从而更好地使用核方法。

**定理 6.3(表示定理)**   如果我们的优化函数满足形式:

$$\min_{\omega}[f(\omega,\phi(\omega))+R(\|\omega\|)] \tag{6.30}$$

其中,$f$ 表示 $R^m \to R$ 的任意映射,$R$ 表示单调不递减的函数,$\phi$ 是由 $\chi$ 到希尔伯特空间的映射,存在向量 $\alpha \in R^m$,可以将损失函数的最优解表示为核函数的线性组合:

$$\omega^*\phi(x)=\sum_i^m \alpha_i\phi(x_i) \tag{6.31}$$

我们可以将岭回归的损失函数的最优解写作核函数的线性组合:

$$\omega^*\phi(x)=\sum_i^m \alpha_i\kappa(x,x_i) \tag{6.32}$$

进一步将其代入原函数中,可以得到与式(6.7)等价的对偶表示形式:

$$\min_{\alpha}\left[\sum_{i=1}^m\left(y_i-\sum_{j=1}^m\alpha_j\kappa(x_i,x_j)\right)^2+\sum_{i=1}^m\sum_{j=1}^m\alpha_i\alpha_j\kappa(x_i,x_j)\right] \tag{6.33}$$

如果我们从表示定理角度出发去看待支持向量机,可以发现在对约束条件下的损失函数采用拉格朗日法时,对参数求导的过程,其实就是将参数表示为 $\phi(X)$ 的线性组合,而后续我们要做参数与 $\phi(X)$ 的乘积,就正好对应着我们的表示定理。

同样,我们可以对添加 $L_2$ 正则化的 logistic 回归采取同样的处理办法,使得损失函数从:

$$\arg\min_{\omega}\sum_i\lfloor-y_i\omega^T\phi(x_i)+\ln(1+e^{\omega^T\phi(x_i)})\rfloor+\lambda\omega^T\omega \tag{6.34}$$

变为:

$$\min_{\alpha}\left[\sum_i\left(-y_i\sum_j\alpha_j\kappa(x_i,x_j)+\ln(1+e^{\sum_j\alpha_j\kappa(x_i,x_j)})\right)+\sum_{i=1}^m\sum_{j=1}^m\alpha_i\alpha_j\kappa(x_i,x_j)\right] \tag{6.35}$$

我们将会在第 7 章的降维方法中,介绍主成分分析(PCA),PCA 本身是一个线性算法,也可以通过添加核技巧来扩展到非线性。首先,PCA 的基本流程是标准化之后对样本协方差矩阵进行特征值分解:

$$XX^T g_i=\lambda_i g_i \tag{6.36}$$

在 PCA 的核化版本(kernel PCA)中,我们是将协方差矩阵做高维变换,再做特征值分解,并且左乘 $\phi(X)^T$,右乘 $\phi(X)$,就可以得到:

$$\phi(X)^T\phi(X)\phi(X)^T\phi(X)g_i=\lambda_i(\phi(X)^T\phi(X))g_i\quad K^2g_i=\lambda_i Kg_i \tag{6.37}$$

其中 $K$ 为核矩阵,我们并不需要关注这个高维变换的具体形式,只需要将核矩阵做特征分解。可以简单理解为:先升维到一个全新的特征空间,然后在这个高维空间做传统的 PCA。我们将在第 7 章讲解这一降维算法。

## 6.4　高斯过程

在 6.3 节中,我们考虑了简单的线性回归模型的损失函数,并引出了对偶表示,在对偶表示中可以直观地添加核技巧,那么核方法似乎就变为了一种模型的补充,只有在高维变换的时候,我们才需要它。事实上,在使用核方法时,我们可以定义出一类非参数模型,直接建立目标值的联合分布,我们将这一方法叫作高斯过程(Gaussian Process)。

在第 3 章中,我们从概率框架来看线性回归,参数上的先验分布会在模型上产生一个对应的先验分布,如果使用极大似然估计或者最大后验估计,估计参数的后验分布,也会得到模型的后验分布,而我们真正需要的也是模型的分布。假设我们对简单线性回归模型做了高维变换:

$$y(x) = \boldsymbol{\omega}^{\mathrm{T}} \phi(x) \tag{6.38}$$

我们考虑参数 $\omega$ 上的先验概率分布,由均值为零的各向同性的高斯分布所控制:

$$p(\omega) = \mathcal{N}(\omega \mid 0, \alpha^{-1} I) \tag{6.39}$$

其中,$\alpha$ 是高斯分布方差的倒数,表示分布的精度。经过式(6.38),可以得到目标值的表示:

$$y = \Phi \omega \tag{6.40}$$

因为服从高斯分布的变量的线性组合仍然是高斯分布,所以定义在 $\omega$ 上的高斯分布会在函数 $y(x)$ 上产生高斯分布,就说明均值和方差唯一可以确定的就是它:

$$E[y] = \Phi E[\omega] = 0 \tag{6.41}$$

$$\mathrm{cov}[y] = E[yy^{\mathrm{T}}] = \Phi E[\omega \omega^{\mathrm{T}}] \Phi^{\mathrm{T}} = \frac{1}{\alpha} \Phi \Phi^{\mathrm{T}} = \boldsymbol{K} \tag{6.42}$$

其中,$\boldsymbol{K}$ 就是核矩阵,我们并没有显式的使用参数,而是只依靠训练集的数据就完成了模型分布的估计:$p(y) = N(y \mid 0, K)$,其中方差完全由数据 $x$ 所控制。由于核函数通常都有着模板匹配的性质,即相似的点得分就会越高,所以核函数具有很强的局部性质,样本越密集,表示局部区域存在大量的相似样本点,分布的方差就会越小。如图 6.3 所示,数据点越密集的地方,给出的约束效果越好。高斯过程算法就是在训练集上去确定出核矩阵作为其分布的方差,然后将其用于未知的数据。

在处理回归问题时,我们往往需要考虑噪声的影响,真实的观测值就等于实际的值加上一个小随机噪声变量:$t = y + \varepsilon$,同样假设其服从高斯分布,那么目标值的分布就是均值为 $y$ 的高斯分布,精度由噪声分布的精度所控制:

$$p(t \mid y) = N(t \mid y, \beta^{-1} I) \tag{6.43}$$

这是实际观测值 $t$ 关于 $y$ 的的条件高斯分布,为了使其与真正的数据 $x$ 建立直接的联系,我们需要将 $y$ 积分,留下 $t$ 的边缘分布,真实数据包含在核矩阵 $\boldsymbol{K}$ 之中:

$$p(t) = \int p(t \mid y) p(y) \mathrm{d}(y) = N(t \mid 0, \boldsymbol{C}) \tag{6.44}$$

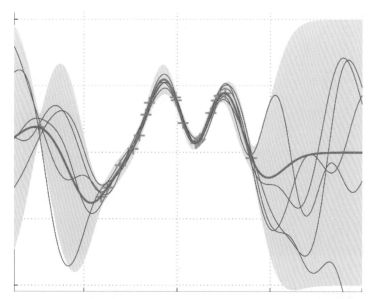

■图 6.3　高斯过程在随机数据集上的表现,蓝色线条表示核函数在不同的参数下的形式,
　　　　　红色线表示样本的真实分布

其中,$C$ 是协方差矩阵,具体元素是核函数加上噪声的分布方差:$C(x_n, x_m) = k(x_n, x_m) + \beta^{-1}\delta_{nm}$,这是因为噪声和数据被认为是相互独立的分布。此时,虽然我们得到了观测值的分布,但是机器学习的任务最重要的预测任务还没有完成,即计算 $P(t_{N+1}|t_N)$,这与我们前面所假设的条件分布不同,在普通的线性回归中假设的是每一个数据的目标值与输入的条件分布 $P(y|x)$。

注意到协方差矩阵 $C_{N+1}$ 是由一个对称矩阵和一个对角矩阵所构成,所以可以将矩阵分块:

$$C_{N+1} = \begin{pmatrix} C_N & \kappa \\ \kappa^{\mathrm{T}} & c \end{pmatrix} \tag{6.45}$$

标量 $c$ 就是通过需要预测的点核函数来计算:$c = k(x_{N+1}, x_{N+1}) + \beta^{-1}$,$k$ 是一个向量,元素为核函数 $\kappa(x_N, x_{N+1})$。根据条件高斯分布的性质,见定理 6.4。分块矩阵对应着协方差矩阵,$C_N$ 就是 $\Sigma_{aa}$,核矩阵就是 $\Sigma_{ab}$,我们就得到了高斯过程预测分布的均值和方差:

$$m(x_{N+1}) = k^{\mathrm{T}} C_N^{-1} t \tag{6.46}$$

$$\sigma^2(x_{N+1}) = c - k^{\mathrm{T}} C_N^{-1} k \tag{6.47}$$

定理 6.4(条件高斯分布的均值和方差)　我们假设向量 $a$ 和 $b$ 均服从同一个高斯分布,以 $b$ 为条件,则 $P(a|b)$ 也为高斯分布,我们可以将向量写作矩阵的形式:

$$x = \begin{pmatrix} x_a \\ x_b \end{pmatrix}$$

当然,均值也可以写作矩阵的形式:

$$\boldsymbol{\mu} = \begin{pmatrix} \mu_a \\ \mu_b \end{pmatrix}$$

对应的协方差就可以写作分块的形式:

$$\sum = \begin{pmatrix} \Sigma_{aa} & \Sigma_{ab} \\ \Sigma_{ba} & \Sigma_{bb} \end{pmatrix}$$

该条件高斯分布 $P(a|b)$ 的均值和方差分别为:

$$\mu_{a|b} = \mu_a + \Sigma_{ab} \Sigma_{bb}^{-1}(x_b - \mu_b)$$

$$\Sigma_{a|b} = \Sigma_{aa} - \Sigma_{ab} \Sigma_{bb}^{-1} \Sigma_{ba}$$

可以看出,预测的均值和方差都依赖于新数据与训练数据的关系,$\boldsymbol{K}^{\mathrm{T}} C_N^{-1}$ 代表着一种加权平均,距离越远,核函数就会越小,权值也就越小,代表着距离新数据越近的点对于新数据的预测更为重要。

但将高斯过程用于分类问题,我们就无法利用条件高斯分布良好的性质,同贝叶斯 logistic 回归类似,贝叶斯 logistic 回归因为似然函数是伯努利分布,而无法使用共轭先验的性质得不到封闭解。高斯过程用于分类也必须要将实数域的输出映射到 $(0,1)$ 区间,sigmoid 函数可以很方便地完成这件事情,但是却假设了伯努利分布,观测值与输出值的关系就有:

$$P(t \mid y) = \sigma(y)^t (1 - \sigma(y))^t \tag{6.48}$$

更不用说预测分布的形式,我们根本无法写出解析的形式,只能使用积分表达。

## 6.5　使用 scikit-learn

同一个特征空间,不同的 kernel,以及 kernel 中不同的参数对决策边界的影响。我们就以 SVM 作为分类器,添加不同的 kernel 来观察决策边界。不同的 kernel 会有不同的参数化,我们主要选择三种 kernel:

- 高斯核函数:$\kappa(x,y) = \mathrm{e}^{-\gamma \| x - y \|^2}$　　($\gamma$ 是参数)
- 多项式核:$\kappa(x,y) = (\zeta + \gamma \boldsymbol{x}^{\mathrm{T}} y)^d$　　($d$ 是多项式次数,$\zeta$、$\eta$ 是参数)
- 线性核:$\kappa(x,y) = \boldsymbol{x}^{\mathrm{T}} y$

我们采用的数据是样例数据:

```
from sklearn import datasets
sns.set(style = 'darkgrid')
plt.figure()
X, y = datasets.make_moons(200, noise = 0.2, random_state = 0)
for i, v, l in [[0, 'o', 'class_0'], [1, 'v', 'class_1']]:
```

```
        plt.scatter(X[y == i][:,0],X[y == i][:,1],marker = v,label = l,edgecolor = 'k')
plt.title('sample data')
plt.legend()
plt.show()
```

样例数据在二维特征空间的分布,如图6.4所示。

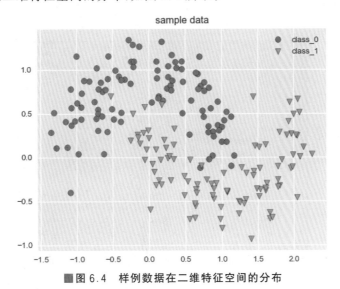

■图6.4　样例数据在二维特征空间的分布

我们先尝试使用 linear kernel,其实就是一个线性分类器,在 kernel 中也没有多余的参数需要调试:

```
from sklearn.svm import SVC
# 网格化
def make_meshgrid(x,y,h = .02):
    x_min,x_max = x.min() - 1,x.max() + 1
    y_min,y_max = y.min() - 1,y.max() + 1
    xx,yy = np.meshgrid(np.arange(x_min,x_max,h),
                    np.arange(y_min,y_max,h))
    return(xx,yy)

X,y = datasets.make_moons(200,noise = 0.2,random_state = 0)
# 导入模型
svc = SVC(kernel = 'linear')
svc.fit(X,y)
# 用 decision funtion 的性质可视化决策边界
xx,yy = make_meshgrid(X[:,0],X[:,1])
Z = svc.decision_function(np.c_[xx.ravel(),yy.ravel()])
Z = Z.reshape(xx.shape)
# 画图
sns.set(style = 'white')
plt.contourf(xx,yy,Z,cmap = plt.cm.RdBu)
# 绘制 contour
```

```
for i,v,l in [[0,'o','class_0'],[1,'v','class_1']]:
    plt.scatter(X[y == i][:,0],X[y == i][:,1],marker = v,label = l)
#plt.title('Kernel PCA with Gussian Kernel')
plt.legend()
plt.show()
```

由此得出线性核在 SVM 中的表现,如图 6.5 所示。

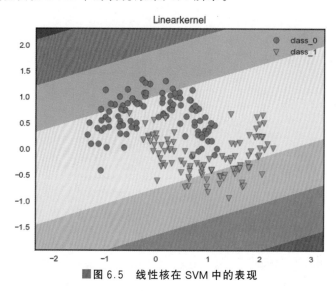

■图 6.5    线性核在 SVM 中的表现

同理,我们采用高斯核和多项式核,只需要改变 SVC 类的 kernel 参数,更改代码如下:

```
svc = SVC(kernel = 'rbf',gamma = 0.5)                         #高斯核
svc = SVC(kernel = 'poly',degree = 3,gamma = 10,coef0 = 2)    #多项式核
```

更改代码后,高斯核在 SVM 中的表现,如图 6.6 所示。

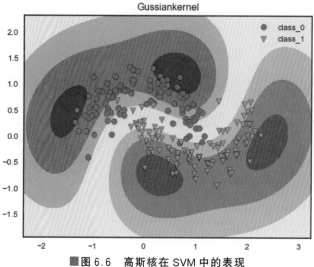

■图 6.6    高斯核在 SVM 中的表现

多项式核在 SVM 中的表现,如图 6.7 所示。

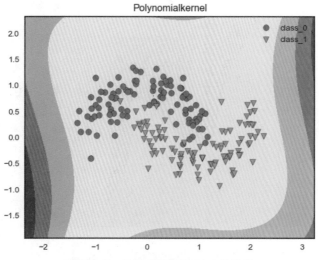

■图 6.7 多项式核在 SVM 中的表现

我们可以看出,高斯核和多项式核的表现要优于线性核,这是意料之中的事情,因为样本在特征空间的分布就不是线性可分。但有两个问题没有解决:

(1) 多项式核($d = 3$,$\gamma = 10$,$\xi = 2$)和高斯核($\gamma = 0.5$),哪一个更好?

(2) 高斯核和多项式核都有着一些参数,调节参数会对决策边界产生什么影响?

针对第一个问题,我们将两种核在测试集的上表现作对比,添加代码如下:

```
from sklearn.model_selection import cross_validate
.....
clfs = dict(Linear = SVC(kernel = 'linear'),
    Polynomial = SVC(kernel = 'poly', degree = 3, gamma = 10, coef0 = 2),
      Gussian = SVC(kernel = 'rbf', gamma = 0.5))
test_mse = []
kernels = []
for name, clf in clfs.items():
    clf_dict = cross_validate(clf, X, y, cv = 5, scoring = 'accuracy')
    test_mse.append(clf_dict['test_score'].mean())
    kernels.append(name)

sns.set(style = 'white')
plt.figure()
plt.ylabel('Accuracy')
sns.barplot(kernels, test_mse)
plt.show()
```

结果如图 6.8 所示,线性核的测试性能最差,而高斯和多项核的测试性能并无太大差别,这是因为对于上文的数据,简单的拓展为非线性就可以使得样本分类正确,但如果去细致地探究决策边界,情况可能不同。

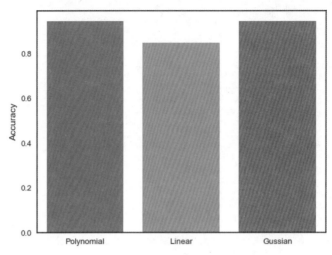

■图6.8    三种核做5折交叉验证的测试性能对比

我们来探究不同的高斯核中的不同参数对支持向量机分类结果的影响,代码如下:

```python
gammas = [0.5, 5, 50, 500]
sns. set(style = 'darkgrid')
for k, j in enumerate(gammas):
    clf = SVC(kernel = 'rbf', gamma = j)
    clf. fit(X, y)
    Z = clf. decision_function(np. c_[xx. ravel(), yy. ravel()])
    Z = Z. reshape(xx. shape)
    plt. subplot(len(gammas)/2, len(gammas)/2, k + 1)
    plt. contourf(xx, yy, Z, cmap = plt. cm. RdBu)
    for i, v, l in [[0, 'o', 'class_0'], [1, 'v', 'class_1']]:
        plt. scatter(X[y == i][:, 0], X[y == i][:, 1], marker = v, label = l, edgecolor = 'k')
    plt. title('$ \gamma = $ % s'% j)


l = np. linspace(1, 50, 100)
train_mse = []
test_mse = []
for i in l:
    clf = SVC(kernel = 'rbf', gamma = i)
    clf_dict = cross_validate(clf, X, y, cv = 5, scoring = 'accuracy')
    test_mse. append(clf_dict['test_score']. mean())
    train_mse. append(clf_dict['train_score']. mean())
plt. figure()
plt. plot(l, test_mse, 'r - ', linewidth = 3, label = 'Test accuracy')
plt. plot(l, train_mse, 'b - ', linewidth = 3, label = 'Train accuracy')
plt. xlabel('$ \gamma $ ')
plt. ylabel('Accuracy')
```

```
plt.legend()
plt.show()
```

如图 6.9 所示,随着带宽 $\gamma$ 的逐渐增大,决策边界最终精准地绕过了每一个点,这代表着一定程度的过拟合。如图 6.10,随着 $\gamma$ 的增大,训练集的准确率一直上升,测试集的准确率经过短暂上升后稳步下降。

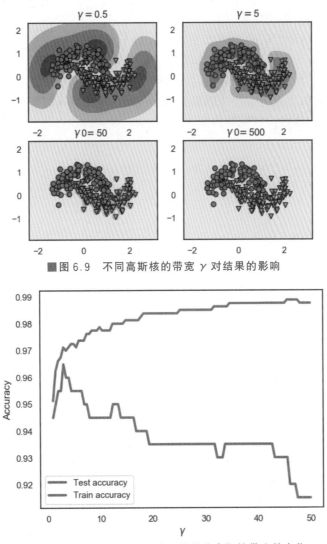

■图 6.9 不同高斯核的带宽 $\gamma$ 对结果的影响

■图 6.10 训练误差和测试误差随着高斯核带宽的变化

为什么带宽参数 $\gamma$ 的增大对应着过拟合,我们可以利用高斯核的定义来理解这一结果。因为 $K(x_i,x_j)=\mathrm{e}^{\dfrac{\|x_i-x_j\|^2}{2\sigma^2}}$,所以 $\gamma=-\dfrac{1}{2\sigma^2}$。

$\gamma$ 的增大代表着 $\sigma$ 的迅速减小,方差越小,代表着分布就会越"尖",决策边界就会精准地靠近每一个数据点。从样本匹配的角度来看,$\sigma$ 调节了两个样本的"近"范围,它越小,代表着每一个样本都是独特的,决策边界把每个数据当作特殊样本对待,边界就会精细化。

最后,我们来尝试使用代码进一步加强我们对高斯过程的理解。在式(6.41)中,我们假设了参数的均值为零,由此得出目标值的均值也为零,出于对称性的考虑,这样的假设是可以接受的。在式(6.42)中,我们可以看到目标值的协方差是由核函数来控制的,而核函数的具体内容则是由全部的数据计算而来:

$$K_{nm} = \phi(x_n)^{\mathrm{T}} \phi(x_m) \qquad (6.49)$$

因为核函数隐含了一个对原始数据的变换 $\phi$,这意味着我们可以用一种迂回的方式去讨论数据对核函数的约束作用。我们选择高斯核作为核函数,首先用初始核函数下的高斯过程产生样本,然后由正弦函数产生的数据做训练而确定的高斯过程再次产生样本,其中训练的过程就是给定训练数据目标值的协方差来完成。代码如下:

```python
import numpy as np
from sklearn.gaussian_process import GaussianProcessRegressor as GPR
from sklearn.gaussian_process.kernels import RBF
import matplotlib.pyplot as plt
import seaborn as sns

def plot_piror(X_sample):
    plt.subplot(1, 2, 1)
    gpr = GPR( kernel = RBF())
    mean, std = gpr.predict(X_sample[:, np.newaxis], return_std = True)
    plt.plot(X_sample, mean, 'k', lw = 3, zorder = 9)
    plt.fill_between(X_sample, mean - std, mean + std, alpha = 0.5, color = 'b')
    y_samples = gpr.sample_y(X_sample[:, np.newaxis], 10)
    plt.plot(X_sample, y_samples, lw = 2)
    plt.title("Prior (kernel: % s)" % RBF())

def plot_posterior(X_sample, X, y):
    plt.subplot(1, 2, 2)
    gpr = GPR( kernel = RBF(length_scale = 1.0, length_scale_bounds = (1e - 1, 10.0)))
    gpr.fit(X[:, np.newaxis], y)
    mean, std = gpr.predict(X_sample[:, np.newaxis], return_std = True)
    plt.plot(X_sample, mean, 'k', lw = 3, zorder = 9)
    plt.fill_between(X_sample, mean - std, mean + std, alpha = 0.5, color = 'b')
    y_samples = gpr.sample_y(X_sample[:, np.newaxis], 10)
    plt.plot(X_sample, y_samples, lw = 1)
    plt.scatter(X, y, c = 'g', s = 50, zorder = 10, edgecolors = (0, 0, 0), label = 'Samples')
    plt.title("Posterior (kernel: % s)" % gpr.kernel_)

rng = np.random.RandomState(42)
X_sample = np.linspace(0, 5, 100)
```

```
X = rng.uniform(0, 5, 10)
y = np.sin((X - 2.5) ** 3)

sns.set(style = 'white')
plt.figure()
plot_piror(X_sample)
plot_posterior(X_sample, X, y)
plt.tight_layout()
plt.legend()
plt.show()
```

如图 6.11 所示，我们利用初始核函数直接产生了 10 次的样本，图(a)为初始核函数所产生的样本。图(b)则为添加训练数据后的 10 次样本，可以看出经过对数据协方差的计算，训练数据处的方差显著地减小。高斯核函数在 sklearn 中被定义为：

$$k(x_n, x_m) = \exp\left(-\frac{1}{2} d(x_n/l, x_m/l)^2\right) \tag{6.50}$$

其中 $l$ 为高斯核的标准差，在图中命名为 length_scale，可以看出未加入数据时的标准差为 1，加入数据后标准差变为了 0.39。

未加入数据时高斯核函数所产生的先验分布，及加入正弦函数所产生的后验分布，如图 6.11(a)及(b)所示。

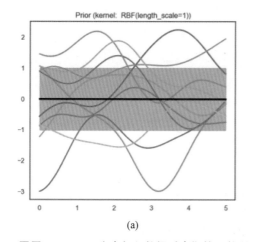
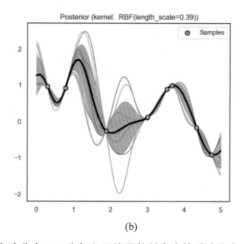

(a)　　　　　　　　　　(b)

■图 6.11　(a)为未加入数据时高斯核函数所产生的先验分布，(b)为加入正弦函数所产生的后验分布

# 第 7 章　混合高斯：比高斯分布更强大

　　我们很多时候不能也不想对数据进行类别标记,而我们又不得不处理一些类别化问题。聚类可以揭示未标注数据的内在结构,并且可以使用聚类的结果来压缩数据。因为我们有一个很自然的假设:相似的样本具有相似的输出。现实中经常发生的是,我们只有少量被标记的样本,我们就可以根据聚类的结果来判断未被标记的样本的性质,这也是半监督学习(Semi-Supervised Learning)的一种范式。

## 7.1　聚类的重要问题

　　数据在二维特征空间上的分布,如图 7.1(a)及(b)所示。

　　在第 5 章中的 $k$ 近邻算法中,我们假设了相似的样本具有相似的特征。这一假设同样可以被利用到聚类分析中,如图 7.1 所示,聚类是将样本分成几个子集(或者叫作簇),同一子集内的为相似样本。聚类算法虽然很多,但任何聚类算法都会涉及三个基本问题:

　　(1) 相似度估计,它决定了什么样的样本才能算作同一簇。

　　(2) 数据的组织形式,它决定了算法的结构。

　　(3) 性能评估,它决定了算法的优劣程度。

　　与前面相同,我们一般采用特征之间的距离作为相似度的指标,距离越近,相似度越高。同类的样本一般彼此邻近。我们在第 5 章中介绍了一系列距离,但这些距离只适用于处理有序属性,见定义 7.1,因为距离的计算需要利用属性值之间的差,无序属性的差无法定义。

　　**定义 7.1(序)**　特征的序是指特征具有大小关系,比如身高 180cm 要大于 170cm,体重 70kg 要大于 60kg。但某些特征如颜色、性别、形状,是不会有大小关系的,属于无序特征。虽然我们可以对特征进行量化,比如分别对红、绿、蓝赋值 1、2、3,但是经过这样简单的赋值处理,蓝色要比

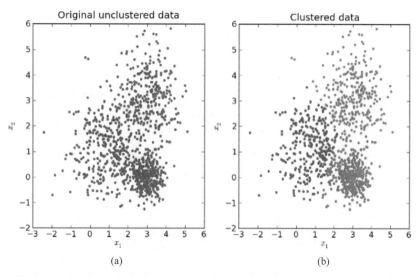

■图7.1 数据在二维特征空间上的分布,(a)为原始数据,(b)为聚类后的结果

绿色更远离红色。

我们在统计学习和深度学习中面对分类问题时,经常采用交叉熵来作为损失函数,其中就需要我们把类别标签进行 one-hot encoding,其本质就是采用向量化的操作取消标签的序关系。

取而代之,我们利用一般使用 VDM(Value Difference Metric)来度量无序属性的距离,我们先用 $m_{u,a}$ 在属性 $u$ 上取值为 $a$ 的样本数,$m_{u,a,i}$ 是在属性 $u$ 上取值为 $a$,并且属于 $i$ 簇的样本数,同一特征的不同取值 $a,b$ 在数据集上的距离被定义为:

$$M_P(a,b) = \sum_{i=1}^{k} \left| \frac{m_{u,a,i}}{m_{u,a}} - \frac{m_{u,b,i}}{m_{u,b}} \right|^p \tag{7.1}$$

从上式可以看出,当 $p=1$ 时,VDM 计算的本质是在同一属性上两个不同取值对簇的影响,同一个簇内,某一个取值占比越高,说明这两个属性取值对簇划分是有用的,那么VDM 的值也会很大,如果属性取值占比相近,说明这两个属性值对于簇划分是没有用的,VDM 的值就会变得很小,背后同样隐藏着距离度量着相似度,因为距离越近,相似度越高,越倾向于归于一个簇。

对于每个样本,可能存在 $n$ 个无序特征,令 $x_u$ 是指样本 $x$ 在特征 $u$ 上的取值,样本之间的距离就为上述特征的求和:

$$d(x,y) = \sum_{u}^{n} \text{VDM}_p(x_u, y_u) \tag{7.2}$$

在熟悉了相似度计算之后,我们来探究一下目前聚类算法主要的几种组织形式:

(1)基于原型的聚类,它的假设是聚类的结果可以通过原始的数据点来表达。以 k-means 为例,它指定好类别数,随机选择初始样本点作为簇的均值向量,然后迭代更新这些均值向量,直到所有的簇被划分好,表现为均值向量不再更新。

这类方法非常高效,但只考虑了独立样本,无法应付非凸形状的数据分布,尤其是当数据分布为环形时,K 均值算法聚类效果就会把整个环形散成几个部分。

(2)基于密度的聚类,它的假设是聚类的结果要通过密度的高低来表达。以 DBSCAN(Density-based Spatial Clustering of Applications with Noise)为例,它不需要指定类别数,但需要指定领域参数 $\varepsilon$ 和定义核心对象所需要的最小样本数,然后对于每个数据判断其领域内包含的样本是否大于最小样本数,如果大于最小样本数那么将其加入核心对象,然后寻找核心对象所有密度可达的样本,将其划分为一个簇,直到遍历完所有的样本。

密度聚类不需要制定类别数,一定程度上解决了非凸形状的聚类,同时还可以将孤立的噪声点分离出来,而不是将它们强行融合到其他的簇中,但其对于参数的微小变化就会引起聚类结果的不同,非常不稳定。

(3)基于集合的聚类,它的假设是聚类的结果是通过集合来表达。以层次聚类(hierarchical clustering)为例,与普通距离计算不同,它定义了集合之间的距离,从上到下法说的是,一开始将所有样本都看作一个大类,然后通过集合距离逐渐地分离成指定的类别数;从下到上法说的是,一开始将每个样本都看作一个类,然后通过集合距离逐渐融合成指定的类别数。

它不仅可以解决上述的问题,而且研究也证明采取不同的集合距离可以适应复杂的数据,但是它运算的复杂度较高,因为它要计算每一对样本的距离。

聚类并没有统一的标准去比较准确性,因为任何聚类都可能是合理的。比如,一堆苹果、香蕉和芒果,我们既可以通过颜色来划分,也可以通过某一元素的含量划分,还可以通过体积划分,即使划分的结果不同,也并没有十足的把握去判断对错,聚类给出的结果是启发式的。

最后,对于聚类性能的考查也分为两类,一类是将聚类的结果与真实的分类做对比,与真实的分类越像,聚类的效果越好,代表的度量有 Jaccard Coefficient 和 Rand Index,另一种是直接根据簇的特点,统计簇内的样本的相似度和簇间的距离,簇内的样本距离越近,簇间样本距离越远,聚类的效果越好,代表的度量有 DBI(Davies-Bouldin Index)和 DI(Dunn Index)。

## 7.2 潜变量与 K 均值

K 均值(K-Means)作为一种古老且高效的算法一直沿用至今,但它的著名并非全部源自于它的效果,而是来自于它的理论基础。我们经常见到的 K 均值算法都遵循如下过程:

(1)在数据集中选取 K 个样本作为初始均值向量 $\mu$,K 为指定的簇数。

(2)对于每一个样本分别计算与初始均值向量的距离 $d$,以欧几里得距离为例,有 $d_{ik} = \| x_i - \mu_k \|_2$,比较 K 个初始向量与样本的距离,选取距离最近的初始向量代表的簇作为该样本所属的簇。

（3）所有的数据计算完成后,依据上一步所划分的簇,重新计算每一簇的均值向量作为新的均值向量。

（4）重复第（2）步和第（3）步,直到均值向量不再发生更新。

上述算法流程简单易懂,是大多数人理解的 $K$ 均值算法。但可以注意到算法的结束标志是均值向量不再更新,这意味着簇内部的数据与该簇均值向量的距离小于数据点与外部数据之间的距离,我们可以将这一原则用目标函数的方式重新表述为,每个数据点与其最近的均值向量的距离最小。

但我们必须要知道最小化每个数据点和哪个均值向量的距离,这意味着我们需要引入潜在变量,见定义 7.2。在这里,我们把潜在变量看作一个 $k$ 维的二值形式的指示变量,$z_{nk} \in \{0,1\}$,当它为 1 的时候,就表示数据 $x_n$ 是属于第 $K$ 个簇。换而言之,潜在变量直接定义了聚类的结果,我们的任务是推断出这个潜在变量。

**定义 7.2（潜在变量）**　潜在变量是指我们无法观测到的变量,但根据模型可以被推断出来的变量。潜在变量可以被自由地假设数据的生成过程,比如在数据本身是从一个特定的分布采样而来,但我们并不知道这一过程,那么这个分布就可以被看作潜在变量。潜在变量也可以被看作对数据的操作过程,比如数据经过选择才会被使用,选择的规则就可以被看作潜在变量。

降维过程就是典型的推断潜在变量的过程,它假设了高维数据实际上分布在一个低维流形之上,比如 PCA 就可以被看作高维的数据是低维的潜在变量通过线性变换加上一个独立的高斯噪声实现的,PCA 就可以被看作推断潜在变量。假设了潜在变量后,我们可以将最小化目标形式化地写出:

$$L = \sum_1^n \sum_1^K z_{nk} \parallel x_n - \mu_k \parallel_2^2 \tag{7.3}$$

因为 $z_{nk}$ 是一个二值指示变量,所以只有属于第 $K$ 簇的数据才会参与运算。其中不仅有均值向量 $\mu k$,而且有潜在变量。这意味着我们无法采用传统的方式来进行求解,取而代之,我们选取一种迂回的方式,固定其中的一个变量,优化另一个,就像走路一样,一条腿不动,一条腿迈出去,如此往复,我们就可以到达目的地。

首先,我们固定均值向量,发现目标函数 $L$ 是 $z_{nk}$ 的线性函数,且每个数据点都可以独立地进行优化,所以我们可以进一步的对于潜在变量 $\pi_{nk}$ 固定 $n$,优化 $K$,也就是说,我们从 $K$ 个初始均值向量中选取能使最小的 $\parallel x_n - \mu_k \parallel_2$ 的 $K$,因为 $z_{nk} = 1$,表示 $\pi_{nk}$ 属于第 $K$ 个簇,所以就完成了 $z_{nk}$ 的迭代。这正好对应着我们传统的理解方式中,选取与该样本距离最近的均值向量代表的簇。

接下来,我们固定 $\pi_{nk}$,那么目标函数就是 $\mu_k$ 的二次函数,我们对其求导,令一阶导数为零,解出:

$$\mu_k = \frac{\sum_n \pi_{nk} x_n}{\sum_n z_{nk}} \tag{7.4}$$

其中因为 $z_{nk}$ 是一个二值指示变量,分母 $\sum\limits_{n} z_{nk}$ 就是属于第 $k$ 簇的所有数据点的数量,而分子是第 $k$ 簇的所有样本向量的和,那么这一步就得到了第 $k$ 簇的均值向量。这正好对应着传统理解方式中,对均值向量的更新过程。

这两个步骤交替进行,每一步都可以减少 $L$ 的值,当算法收敛时,$\mu_k$ 和 $z_{nk}$ 已经到达了局部最优,无法再继续迭代。

我们之所以引入潜变量的观点来推导 $K$ 均值算法,是因为 $K$ 均值算法的潜变量的观点可以非常自然地过渡到高斯混合模型和 EM 算法。

## 7.3 混合高斯和极大似然估计的失效

$K$ 均值的输出结果会把每个数据点分配给对应的簇,也就是说不存在一个数据点游离在事先指定好的簇的外面,这一结果的根源来自于潜变量 $\pi_{kn}$ 直接定义了哪一个样本属于哪一个簇。如果我们想获得更大的操作空间,简单的方法就是让算法输出每一个簇的概率,那么簇被看作一个概率分布,整体数据就被看作概率分布的混合,潜变量被定义为样本从哪一个概率分布中采样而来。

高斯混合分布具有非常好的性质,它定义为高斯分量的简单线性叠加来近似一个复杂的分布:

$$P(x) = \sum_k \pi_k N(x \mid \mu_k, \Sigma_k) \tag{7.5}$$

其中 $\pi_k$ 是混合系数,表示不同的高斯分布所占的比重,有 $\sum\limits_{k} \pi_k = 1$。在我们把高斯混合模型用于聚类时,它所依据的假设是,不同簇的样本都是从不同的高斯分布中采样而来,聚类的过程实际上是在推断某个样本属于哪一个高斯分布。如图 7.2 所示,一个复杂的概率分布表示着我们的数据,它可以由 3 个不同高斯分布叠加构成,这 3 个高斯分布分别就对应着 3 个簇。

■图7.2    图为一个复杂的概率分布用 3 个高斯分布线性叠加表示

现在我们可以用一个潜在变量来表示样本与簇的关系,同样对于每一个数据都引入一个 $k$ 维二值指示变量 $z$,其中一个特定的元素 $z_k$ 等于 1,就表示样本 $x$ 是从第 $k$ 个高斯分布中采样而来。同样需要满足 $\sum\limits z_k = 1$,表示样本只能属于一个簇。所以对于混合系数用潜在变量来表示:

$$P(z_k = 1) = \pi_k \tag{7.6}$$

由于 $z$ 是一个二值变量，所以我们还可以将概率 $P(z)$ 写作：

$$P(z) = \prod_{k}^{K} \pi_k^{z_k} \tag{7.7}$$

这样的形式保证了我们可以在潜变量和混合系数之间进行互相转化，确定潜在变量和模型的关系之后，我们需要明确怎样才能得到每一个样本分别属于哪一个簇的概率。首先，高斯混合模型的每一个高斯组分的均值和方差都是未知的，而潜变量定义好了样本是属于某一个簇，那么我们的问题就变成了，选取能使样本出现概率最大的均值和方差作为高斯组分的参数。这正是极大似然估计所要求的，所以我们将全部数据的似然函数得出：

$$P(x) = \prod^{n} \sum_{k} \pi_k N(x \mid \mu_k, \Sigma_k) \tag{7.8}$$

对其取对数，得到：

$$\ln p(x \mid \pi, \mu, \Sigma) = \sum_{k=1}^{N} \ln \left\{ \sum_{k=1}^{K} \pi_k N(x_n \mid \mu_k, \Sigma_k) \right\} \tag{7.9}$$

如果直接最大化上式，就会发现在对数运算的内部存在着对 $k$ 的求和，对数函数不直接复合高斯分布，就无法通过一阶导数为零的办法得到似然解。

## 7.4　EM 算法的核心步骤

期望最大化算法（EM 算法，Expectation-Maximization Algorithm）是求解带有潜在变量的模型的著名方法，我们在这里采用更为朴素的角度来探讨 EM 算法。

对于很多人来说，理解 EM 算法的困难之处来源于对潜在变量的理解，经过上述的讨论，必须要理解潜在变量 $x_{nk}$ 已经定义好了数据 $x_n$ 来源于第 $k$ 个高斯成分，如果我们真正知道了潜在变量，那么任务就是利用属于该高斯组分下的数据 $(x_{1k}, x_{2k}, x_{3k}, \cdots, x_{nk})$ 去推断分布的均值和方差。

所以，潜在变量和数据一起才构成一个完整的数据集。我们可以将目标函数抽象为完整数据的似然函数：

$$\ln \left[ \sum_{k}^{K} p(x, z_k \mid \theta) \right] \tag{7.10}$$

其中，$\theta$ 代表着高斯分布的参数。事实上，我们虽然并不知道潜在变量的具体形式，但我们可以从数据中去猜一个最可能的结果，这就是所谓的 E 步。在 K 均值中，固定好均值向量，选取距离最近的当前的初值向量所代表的簇，那么在高斯混合模型中，我们采取的策略就变为了当前均值和方差决定的高斯分布下，潜在变量的后验概率分布。

所以利用数据 $x$ 对于潜在变量的特定值 $z_k = 1$ 的条件分布：

$$p(x \mid z_k = 1) = N(x \mid \mu_k, \Sigma_k) \tag{7.11}$$

再利用贝叶斯定理，就可以将观测到数据 $x$ 时，潜在变量的后验分布写作：

$$\gamma(z_k) = p(z_k = 1 \mid x) = \frac{p(z_k = 1) p(x \mid z_k = 1)}{\sum\limits_{i}^{k} p(z_i = 1) p(x \mid z_i = 1)} \tag{7.12}$$

$$= \frac{\pi_k N(x \mid \mu_k, \Sigma_k)}{\sum\limits_{i}^{k} \pi_i N(x \mid \mu_i, \Sigma_i)} \tag{7.13}$$

后验概率分布由代表着观测数据点 $x$ 来源于第 $k$ 个高斯组分的概率所组成,我们此时也并不知道确定的潜在变量,但我们至少在观测到数据后,知道了数据来源于不同高斯组分的可能性大小,这意味着我们可以算出对数似然的求和,就有:

$$\ln \left[ \sum_{k}^{K} p(x, z_k \mid \theta) \right] = \sum_{k}^{K} \gamma(z_k) \ln p(x, z_k \mid \theta) \tag{7.14}$$

这种加权平均也叫作期望,对应着 EM 算法中的 E 步,这是 EM 算法中的核心思想。注意这里的期望是指对 $\ln p(x, Z \mid \theta)$,经过求期望的步骤,我们就将求和移出了对数操作的外面,使得最大化的步骤可以顺利进行。

接下来我们就可以利用极大似然估计,估计出参数 $\theta$,这一步就被叫作 M 步。在 $K$ 均值中,这一步就对应着计算新的均值向量,只是在高斯混合模型中,我们显式地使用了极大似然估计,$K$ 均值采取的一阶导数为零的操作事实上也是最大化的体现。

## 7.5    使用 scikit-learn

因为聚类的性能标准并不统一,通过数值比较也并不直观,所以我们可以自然地想到,当我们处理一个分类数据,如果此类数据利用聚类的结果与类别一致,那么就可以说聚类达到了好的效果,通过特征空间的直观对比,我们就可以大致比较不同聚类算法的优劣。

我们构建样例数据:

```
from sklearn import cluster, datasets
import matplotlib.pyplot as plt
import seaborn as sns

n_samples = 1000
X, y = datasets.make_blobs(n_samples = n_samples,
    random_state = 42, centers = 5, cluster_std = 3)

sns.set(style = 'darkgrid')
for i, v, l in [[0, 'r', 'class_0'], [1, 'b', 'class_1'], [2, 'g', 'class_2']]:
    plt.scatter(X[y == i][:, 0], X[y == i][:, 1], c = v, label = l, s = 15, edgecolor = 'k')
plt.legend()
plt.show()
```

如图 7.3 所示,样本分布为三个明显的类,但某些蓝色点掺杂到了红色点里面。

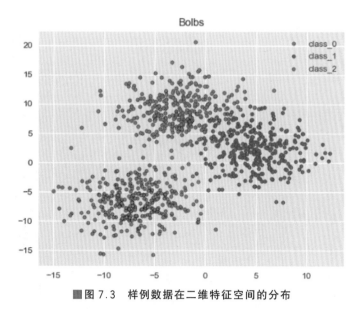

■图 7.3 样例数据在二维特征空间的分布

我们利用 $K$ 均值算法设置初始的均值向量，但要预先指定好类别数，然后迭代更新这些均值向量，我们指定类别数为 3，随机选择均值向量：

```
from sklearn import datasets
import matplotlib.pyplot as plt
import seaborn as sns
from sklearn.cluster import KMeans

n_samples = 1000
X, y = datasets.make_blobs(n_samples = n_samples, centers = 3, random_state = 42, cluster_std = 3)

kmean = KMeans(n_clusters = 3, init = 'random')

y_pre = kmean.fit_predict(X)

sns.set(style = 'darkgrid')
for i, v, l in
    [[0, 'r', 'cluster_0'], [1, 'b', 'cluster_1'], [2, 'g', 'cluster_2']]:
  plt.scatter(X[y_pre == i][:, 0], X[y_pre == i][:, 1], c = v, label = l, s = 15, edgecolor = 'k')
plt.legend()
plt.title('Kmeans for Bolbs')
plt.show()
```

如图 7.4 所示，聚类的结果大致上只是对于这三个类重新标记了颜色，但在特征空间的同样位置，我们发现原本发生"掺杂"的点，在利用 K-means 算法之后变得严格分离。如果我们增加指定的类别数会发生什么呢？修改代码如下：

```
kmean = KMeans(n_clusters = 4, init = 'random')
```

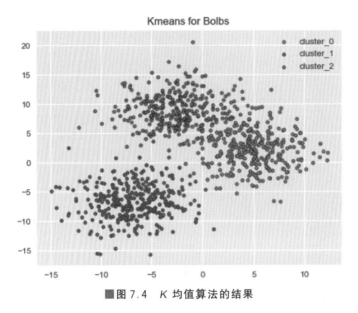

■图 7.4　*K* 均值算法的结果

如图 7.5,指定类别数 4 的 k-means 又强行把某一类拆分出两个类,从 k-means 的角度来看,初始的均值向量个数有几个,我们就会分成几类,这也是 k-means 算法的缺点之一。

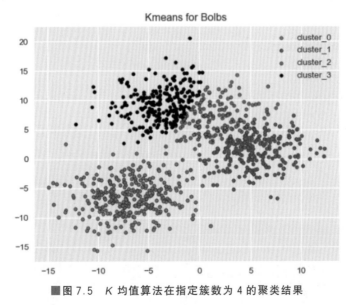

■图 7.5　*K* 均值算法在指定簇数为 4 的聚类结果

那么初始均值向量该如何选择呢? 因为初始化会对我们最后的结果造成一定的影响,初始的均值向量完全随机可能会将两个靠得很近的样本当作均值向量,所以这两个均值向量为中心的簇就可能会把本来属于同一类的样本强行划分为两个类。在实际应用中,我们会在 k-means 中插入一种叫作 k-means＋＋的技术，它改变了选择初始均值向量的方法，距离越大的点会有更大的概率被选择为最终进入 k-means 的算法。

但我们目前使用的数据是凸形结构的，如果我们选用不是凸形结构的数据会如何呢？我们使用在第 5 章中提到过的一种环形数据，利用 k-means 算法适应这样的数据会产生什么效果呢？添加代码如下：

```
kmean = KMeans(n_clusters = 2, init = 'k - means++')

y_pre = kmean.fit_predict(X)

sns.set(style = 'darkgrid')
for i, v, l in [[0, 'r', 'cluster_0'], [1, 'b', 'cluster_1']]:
    plt.scatter(X[y_pre == i][:, 0], X[y_pre == i][:, 1], c = v, label = l, s = 15, edgecolor = 'k')
plt.legend()
plt.title('Kmeans for Circles')
plt.show()
```

如图 7.6 所示，我们可以看到原本特征空间的环形并没有得到保持，而是分裂为上下两个类别，因为 k-means 算法会把所有的数据都当作凸形结构来处理。

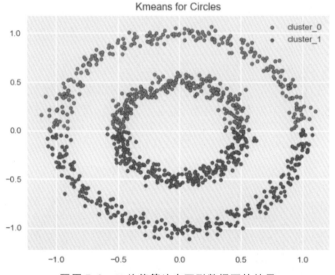

■图 7.6　K 均值算法在环形数据下的结果

我们转用密度聚类来处理这个问题，以 DBSCAN 为例，我们不需要设置类别数，在这方面比 k-means 更加灵活，但我们主要需要另外两个参数，一个叫 maximum distance，它衡量的是样本要离得多近才能算作邻域，另一个叫作 minimum samples，它衡量的是要包含多少个 core point 才能算作一个簇。此外，传统的 K-means 还有一个缺点，只要我们制定了类别数，样本一定会被划分到一个类，如果我们的数据包含噪声的话，k-means 的效果就会受到很大影响。

表面上来看噪声项是离群点,但在 DBSCAN 中,可以被定义为无法由核心点通过密度可达关系包含的点,这些点不会属于任何一个簇,我们构建 DBSCAN,来观察其在 circles 数据上的表现:

```
from sklearn import datasets
import matplotlib.pyplot as plt
import seaborn as sns92 7.5. 使用 scikit - learn
from sklearn.cluster import KMeans
from sklearn.cluster import DBSCAN

n_samples = 1000
X, y = datasets.make_circles(n_samples = n_samples, factor = .5, noise = .05)

dbscan = DBSCAN(eps = 0.08)

y_pre = dbscan.fit_predict(X)

sns.set(style = 'darkgrid')
for i, v, l in [[0, 'r', 'cluster_0'], [1, 'b', 'cluster_1'], [-1, 'y', 'Noisy Samples']]:
    plt.scatter(X[y_pre == i][:, 0], X[y_pre == i][:, 1], c = v, label = l, s = 15, edgecolor = 'k')
plt.legend()
plt.title('DBSCAN for Circles')
plt.show()
```

如图 7.7 所示,DBSCAN 可以良好地适应 circles 数据,并且将一些可能的噪声项(黄色点)做了标记。但是,DBSCAN 对参数非常敏感,我们在这里将邻域参数设置为了 0.08,是希望足够小的邻域可以对类别有很好区分,但是太小的话,可能会将同一类的样本划到不同

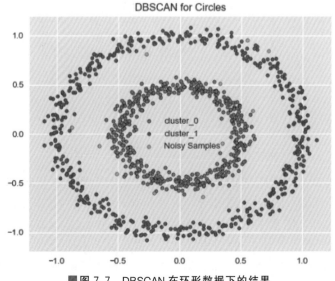

■图 7.7　DBSCAN 在环形数据下的结果

类,太大的话,可能会将不同的类当作一个类。如果对它进行微小调节,我们将会看到聚类结果发生很大的变化:

```
gammas = [0.01, 0.08, 0.2, 5]
sns.set(style = 'darkgrid')
for k, j in enumerate(gammas):
    dbscan = DBSCAN(eps = j)
    y_pre = dbscan.fit_predict(X)
    plt.subplot(len(gammas)/2, len(gammas)/2, k + 1)
    for i, v, l in [[0, 'r', 'cluster_0'], [1, 'b', 'cluster_1'], [ - 1, 'y', 'Noisy Samples']]:
        plt.scatter(X[y_pre == i][:, 0], X[y_pre == i][:, 1], c = v, label = l, s = 15, edgecolor = 'k')
    plt.title('$ \gamma = $ % s' % j)
plt.show()
```

如图 7.8 所示,我们可以看到,当邻域太小的时候,以至于每个类都没有足够的密度可达对象,造成全部的样本都被认为是噪声;当邻域为合适的大小时,大体形状相似,但对噪声的识别会不太一样;而当邻域太大时,所有的点都被当作核心点,所以所有的样本都会被当作一个类。

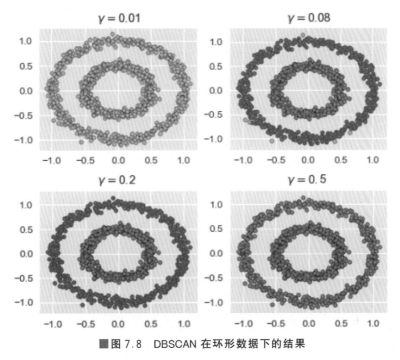

■图 7.8 DBSCAN 在环形数据下的结果

此外我们还可以利用层次聚类、网格聚类和概率模型聚类,但为了更好地理解降维与聚类的关系,我们主要尝试谱聚类,谱聚类会对数据做降维,然后再利用 k-means 的基本框架完成聚类。

```
spectral = SpectralClustering(n_clusters = 2, affinity = 'nearest_neighbors', eigen_solver = 'arpack')
```

```
y_pre = spectral.fit_predict(X)

sns.set(style = 'darkgrid')
for i,v,l in [[0,'r','cluster_0'],[1,'b','cluster_1']]:
    plt.scatter(X[y_pre == i][:,0],X[y_pre == i][:,1],c = v,label = l,s = 15,edgecolor = 'k')
plt.legend()
plt.title('Spectral Clustering for Circles')
plt.show()
```

如图 7.9 所示，spectral clustering 也可以处理非凸结构的数据，我们得到了与 DBSCAN 类似的结果。

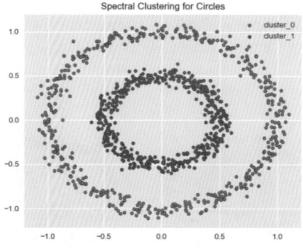

■图 7.9　spectral clustering 在环形数据下的结果

# 第8章 模型组合策略

没有任何一个模型是可以胜任全部机器学习任务的,因此,面对同一个任务时,我们会很自然地想到,可不可以将不同的模型结合起来,来达到我们想要的效果。比如,学习器 A 在某些样本上预测失误,但学习器 B 却可以将这些样本预测对,就好像面对很多科目的考试,数学成绩好的人去做数学卷子,语文好的人去做语文试题,如果只有一个人去做全部的试卷,那么考试分数都会很低,但把他们结合在一起,就有望达到我们想要的效果。

## 8.1 Bagging 和随机森林

从数学的角度来说,每个模型都对应着不同的假设空间,而结合不同的模型会将假设空间扩大。这就是所谓的集成学习(Ensemble Learning),我们将不同的模型结合起来,就增大了模型的复杂度,这一点在弱学习器上的表现尤为明显。比如树模型就是典型的弱学习器,与深度神经网络相比,树的最大深度一般不会超过特征的个数,而且决策树的特征划分往往是在一个固定的特征空间中进行的,并没有进行特征变换和表示学习,这两点一起导致了它的局限性。

集成学习的组合策略有很多种,比如 Stacking 是指将前一个基学习器的输出作为下一个独立基学习器的输入,就可以看作一种表示学习,但如果特征提取不当,模型容量容易过大,从而导致过拟合;Bagging 是指将多个独立训练的基学习器的输出做加权平均;Boosting 是指将按顺序训练好的基学习器的输出做加权平均。

无论是怎样的形式,它们均要满足一个最基本的条件:参与组合的每一个基学习器要尽可能不同,模型的差异越大,组合起来的效果越好。我们为了获得差异较大的模型,主要有三种方法:

（1）改变算法，对于同样的数据，我们可以采用不同的算法去构建模型。

（2）改变数据，在相同的算法下，我们通过进入模型的数据不同来改变最终的模型。

（3）改变参数，在相同的算法，相同的数据下，我们通过改变参数来改变最终的模型。

最容易理解的 Bagging 集成获取模型差异化的方法就是利用不同的数据去训练得到，不同数据的获得可以简单基于自助采样法，见定义 8.1，可以看到对于一个无限大的数据集，自助采样会让 $\frac{1}{e}$ 的数据未被使用，这样我们就自然地将这些样本作为基学习器的测试集，我们将自助采样带来的测试集评估学习器的方法叫作包外估计。

**定义 8.1（自助法（bootstrap））** 包含 $m$ 个样本的数据集，有放回的选出 $m$ 个样本，因为有一定比例的样本会被重复选中，也有一定比例的样本从未被选到，我们无法确定是哪些具体的样本。但是把每次挑选看作独立事件，每个样本被挑中的概率为 $1-\frac{1}{m}$，重复 $m$ 次，概率为 $\left(1-\frac{1}{m}\right)^m$，取极限就可以得到：

$$\lim_{x\to\infty}\left(1-\frac{1}{m}\right)^m=\frac{1}{e} \tag{8.1}$$

最简单的 Bagging 方法是通过自助采样得到 $N$ 个含有 $m$ 个样本的数据集，然后分别训练出 $N$ 个模型，最后的输出与 $k$ 近邻的机制相似，采用投票法，将投票的结果作为最终的输出。它的思路虽然简单，但用数学的思路去证明它却需要假设模型的独立性，用 $\varepsilon_n$ 表示模型与真实值的差，那么全部模型的平均平方误差就为：

$$error_{\text{avg}}=\frac{1}{N}\sum_{n=1}^{N}E_x \tag{8.2}$$

如果我们将全部模型的输出先做平均化，再比较真实值的差，那么就有 Bagging 方法的平方误差为：

$$error_{\text{Bagging}}=E_x\left[\left(\frac{1}{N}\sum_{n=1}^{N}\varepsilon_n\right)^2\right] \tag{8.3}$$

因为我们假设了模型的独立性，所以模型与真实值的差 $\varepsilon_n$ 也是独立的，期望的运算就可以放入求和内部，所以就可以得到：

$$error_{\text{Bagging}}=\frac{1}{N}error_{\text{avg}} \tag{8.4}$$

我们可以看到，仅仅假设模型的独立性，Bagging 方法就可以将模型的误差下降为原来的 $\frac{1}{N}$。但是这是很难保证的，自助采样法生成的数据集里面会有重复的样本，就意味着每个模型的误差是相关的，事实上无论是任何组合策略都无法避免基学习器的相关性，我们能做的是尽量降低这种相关性。

随机森林（Random Forest）可能是 Bagging 集成中最著名的算法，它以决策树作为基学习器，仍然采用自助采样法训练。但更近一步地降低了相关性，除了随机采样所产生的数据差异（如自助采样法），它还会添加特征差异。

传统的决策树会对每棵树上的节点进行划分，我们会在当前节点上数据所具备的全部属性中通过信息增益或者 Gini 指数的办法来挑出一个最佳属性，作为我们生成下一节点的划分属性。但随机森林为了增大模型的差异性，在训练每个基学习器的时候，用的并非是全部的特征，而是特征的一个子集，随机挑选的子集进一步弱化了基学习器的表现，但却增加了基学习器的差异性和独立性。

## 8.2 Boosting 的基本框架

我们在第 1 章中提到的偏差方差分解中说方差刻画了模型的稳定性，低偏差高方差的模型往往代表着过拟合。而 Bagging 集成添加了样本扰动，随机森林进一步地添加了特征扰动，最后将这些差异化的模型平均化，就是在尽可能提高学习器对数据扰动的稳定性，也就是降低学习器的方差。

虽然 Bagging 结合了多个模型，模型的复杂度也有所提高，但是对于降低偏差的作用很小。因为在构建基学习器的时候，我们通过数据扰动和特征扰动来构建基学习器，每一个基学习器的偏差都是很大的。目前普遍认为，Bagging 也可以降低一定的偏差，但偏差的降低并非 Bagging 的出发点。

另一种集成 Boosting 则基于降低偏差。降低偏差和降低方差的核心表现在于基学习器的训练方式，模型分开独立训练对应着 Bagging；模型按顺序训练，下一个基学习器利用上一个基学习器的结果来针对性地训练就对应着 Boosting。

举个例子，打靶的时候，我们的任务是尽可能每次都打到靶心，Bagging 集成就像进行十次打靶，但会把每一次的靶纸撤掉，每一次打靶都不知道上一次的表现，那么痕迹都会很集中，方差就会很小；Boosting 集成就像十次打靶不更换靶纸，上一次打的偏右，我们就尽量偏左一点，痕迹不会非常集中，但偏差每次都会缩小。

与 Bagging 相同，Boosting 模型的最后输出仍然是基学习器的加权组合：

$$F(x) = \sum_{i}^{k} \alpha_i f_i(x) \tag{8.5}$$

其中 $f_i(x)$ 是基学习器，$\alpha_i$ 是基学习器的权重系数。从数学角度来理解，Boosting 与简单线性回归一致，简单线性模型是关于特征值的函数，而我们的 Boosting 是函数的函数，假设存在 $m$ 个数据，我们需要做的是最小化 Loss Function：

$$\sum_{j}^{m} L(F(x_m), y_m) \tag{8.6}$$

但这样的优化会存在困难，因为我们同时需要优化 $k$ 个函数，Boosting 采取了贪心算法，只考虑当前的学习器，因为我们是逐步将弱学习器加进去，就像打靶时候是一步步的靠近靶心，所以有递推公式：

$$F_n(x) = F_{n-1}(x) + \alpha_n f_n(x) \tag{8.7}$$

在每次进行优化时,我们都会固定住其他的学习器,也就是固定好 $F_{k-1}(x)$,只对 $f_k(x)$ 和 $\alpha_k$ 进行优化。以上是 Boosting 的一般框架,它所代表的不是一个方法,而是一类方法,不同方法的主要区别在于基学习器的训练目标不同。

Adaboost 算法是加大上一轮学习器预测错误的样本再放入下一轮学习器中进行学习,目的是希望下一个学习器可以尽可能地将其预测正确;GBDT(Gradient Boosting Decision Tree)则是将上一轮学习器与目标值的残差作为下一轮学习器的拟合目标,目的是学习器组合起来就可以逼近目标值;XGBoost 则是在 GBDT 的基础上添加了正则化项,目的是希望拟合小的残差的同时控制模型的复杂度,并且基学习器的形式不局限于树模型。

## 8.3 Adaboost

Adaboost 可能是最著名的 Boosting 集成算法,最初的算法采用了并不被经常使用的指数损失函数:

$$\sum_i^m e^{-y_i f(x_i)} \tag{8.8}$$

如果使用此损失函数,我们就不能把二分类样本分别标记为 0 和 1,因为 $(0,1)$ 的样本标记会使得只要指数项出现 0,那么损失就会变成 1,无法拉开预测值与真实值一致或不一致时的差异,我们采用 $(-1,1)$ 来标记不同的类。

Adaboost 在很多材料的讲解上,陌生的指数损失和貌似复杂的数学变换使其不容易被理解,但最关键的步骤却只有两步:

(1) 获得学习器的权重系数。

(2) 更新每一轮样本的权重系数。

开始时,我们假设每一个样本都是同等重要的,每个样本的权重都相等,$k$ 个学习器的权重均为 $\frac{1}{k}$。所以我们先训练出第一个学习器 $f_0$,并得出分类错误率 $\varepsilon_0$,并将此时的错误率转化为此时学习器的权重系数:

$$\alpha_0 = \frac{1}{2}\ln\left(\frac{1-\varepsilon_0}{\varepsilon_0}\right) \tag{8.9}$$

这样的转化形式该如何理解。从直观上看,它就是一个 logistic 回归中链接函数的形式,表示分类正确与分类错误的相对概率,相对概率越大,权重系数越大,该基学习器就越重要。从数学上来看,我们可以优化携带 $\alpha_0$ 的指数损失函数:

$$\frac{1}{m}\sum_i^m e^{-y_i \alpha_0 f(x_i)} \tag{8.10}$$

考虑 $y_i f(x_i)$ 只能等于 $-1$ 或 1,等于 1 表示预测正确,等于 $-1$ 表示预测错误,而错误率为分类错误的样本数与整体样本的比例,所以上式就可以被拆成:

$$\frac{1}{m}\sum_i^m \mathrm{e}^{-y_i\alpha_0 f(x_i)} = \mathrm{e}^{-\alpha_0}(1-\varepsilon_0) + \mathrm{e}^{\alpha_0}\varepsilon_0 \tag{8.11}$$

把 $\alpha_0$ 作为变量,对其求导,就可以得到式(8.9),换而言之,我们之所以得到了这样的形式,根本原因在于我们采用了指数损失函数,与其他无关。但注意到此时我们并未更新权重,因为学习器的权重系数的更新都要利用学习器的错误率,错误率是由上一步的样本分布得到的,我们只有获得了学习的权重系数才能更新下一步要使用的样本分布。

我们假设初始权值分布为:$(\omega_0^1, \omega_0^2, \cdots, \omega_0^i, \cdots, \omega_0^m)$,上标表示样本,下标表示迭代次数。那么第一个学习器训练完成后,我们的权值更新为:

$$\omega_1^i = \frac{\omega_0^i}{Z_k} \mathrm{e}^{-\alpha_0 y^i f(x_i)}$$

此关系我们可以从最小化当前损失函数来推导,但直观来看,就是每个样本的当前权重乘以该样本的指数损失,类别正确的损失小,新的权重也会变小,$Z_k$ 是全部的权重之和,相当于一个归一化因子,因为我们需要总的样本出现概率为 1。

依照这样的步骤,我们就可以依次训练出一系列的学习器,直到达到我们需要的性能。需要注意的是,样本更新的权重会直接参与到下一轮学习器的损失函数,而非重新采样。

## 8.4 GBDT 和 XGBoost

梯度提升集成是另外一种性能优越的 Boosting,我们把决策树作为基学习器的梯度提升策略叫作梯度提升树(GBDT)。同样是 Boosting,Adaboost 是通过改变进入学习器的样本分布来达到改善学习效果的目的,GBDT 则更为直接,它只去拟合上一轮学习器与目标值的差,如果能完美地拟合残差,就意味着填补了上一个学习器的缺陷。

在回归问题中,我们利用递推公式 8.7,第 $k$ 个学习器需要拟合前面学习器与目标的差,所以它需要拟合的数据不再是 $\{x_i, y_i\}$,而是 $\{x_i, y_i - F_{k-1}(x_i)\}$。假设我们现在已经训练好了 $k-1$ 个学习器,它们整体的输出为 $F_{k-1}(x_i)$,我们希望第 $k$ 个学习器尽可能地去弥补真实值与前 $k-1$ 个学习器的差,那么现阶段的损失函数就变为了:

$$L(y, F_k(x)) = L(y, F_{k-1} + f_k(x)) \tag{8.12}$$

如果我们使用平方损失函数,那么上式还可以写作:

$$L(y, F_k(x)) = \sum_i^m (y_i - F_k(x))^2 \tag{8.13}$$

如果平方损失函数对 $F_k(x)$ 进行求导,并令一阶导数为零,代表着极值点,得到:

$$-\frac{\partial L}{\partial F_k(x)} = \sum_i^m (y_i - F_k(x)) \tag{8.14}$$

虽然有的说法认为 GBDT 是在拟合残差,有的说法认为 GBDT 是在拟合负梯度,但我们可以从上式发现,如果我们使用了平方损失函数,负梯度和残差就是一回事。平方损失的缺点正如第 1 章中所说,它会放大离群点的误差,少数异常点的存在就使得损失非常大,我们如果转用 Huber Loss 或者 MAE,损失函数的负梯度就不再是残差。

表面看来,对于连续可导的函数令其一阶导数为零,是求取极值的标准操作,那么我们对整个损失函数做进一步的分析,利用泰勒展开式,见定义 8.2。我们将整体的损失函数在 $F_{k-1}(x)$ 处展开,为了安全地忽略掉高阶项,我们要假设 $F_k(x)$ 与 $F_{k-1}(x)$ 是非常接近的,可以得到它的二阶展开:

$$L(y, F_k) = L(y, F_{k-1}) + \frac{\partial L}{\partial F_{k-1}}(F_k - F_{k-1}) +$$

$$\frac{\partial^2 L}{2\partial^2 F_{k-1}}(F_k - F_{k-1})^2 + o\left[(F_k - F_{k-1})^n\right] \tag{8.15}$$

**定义 8.2(泰勒公式)** 假设函数 $f(x)$ 在 $x_0$ 处 $n$ 阶可导,那么函数 $f(x)$ 就可以被下列的多项式所逼近:

$$f(x) = f(x_0) + \frac{f'(x_0)}{1!}(x - x_0) + \frac{f''(x_0)}{2!}(x - x_0)^2 + o\left[(x - x_0)^n\right] \tag{8.16}$$

上式就是函数 $f(x)$ 在 $x_0$ 处的泰勒展开式。其中 $o\left[(x - x_0)^n\right]$ 为皮亚诺余项,是 $(x - x_0)^n$ 的高阶无穷小量。

其中,$F_k - F_{k-1}$ 正好是 $f_k$。在令损失函数最小化的时候,损失函数的泰勒展开式是一个关于 $f_k$ 的二阶多项式,简单起见,令 $L' = \frac{\partial L}{\partial F_{k-1}}$,$L'' = \frac{\partial^2 L}{\partial^2 F_{k-1}}$,我们略去高阶无穷小量,并对其配平方,得到:

$$L(y, F_k) = \frac{1}{2}L''\left(f_k + \frac{L'}{L''}\right)^2 + L(y, F_{k-1}) - \frac{L'^2}{2L''} \tag{8.17}$$

如果我们想让损失函数最小化,最后一项为常数项,不参与最小化。就意味着其中的平方项为零,那么就有:

$$f_k = -\frac{L'}{L''} \tag{8.18}$$

上式说明,新的基学习器对应着损失函数一阶导数和二阶导数的商,按顺序优化,就可以得到每一步的 $f_k$。采用泰勒展开分析是一般的方法,如果只是展开到一阶项,剩下的都看作高阶项,那么也可以回到负梯度的形式。而二阶项事实上是 XGBoost 采取的方法,比起一阶项,它的精度更高。

XGBoost 非常突出的优点在于在损失函数中添加正则项,来防止过拟合。正则化项体现在模型的复杂度函数上,以 Boosting 算法经常使用的回归树为例,模型的复杂度为:

$$\Omega(f_k) = \gamma T + \lambda \sum_j^T \omega_j^2 \tag{8.19}$$

$T$ 表示树的叶节点的个数,根据第 5 章介绍的树模型,叶节点越多,表示特征划分的次数越多,树就变得越复杂。$\omega_j$ 表示叶节点的大小,回归树的每个叶节点都会对应着一个预测值,预测值与模型的复杂度并没有实际上的关联,只是在 Boosting 中我们希望基学习器逐步靠近结果,一个小的预测值更有利于扩大后续的学习空间。

同时为了方便形式的统一,模型 $f_k$ 无非是表达了样本到预测值的一个映射,所以我们令 $q(x)$ 表示样本到叶节点的映射,那么 $\omega_{q(x)}$ 就成为了一个复合函数,表示样本经过 $q(x)$ 映射到叶节点,再经过 $\omega$ 映射到预测值。那么模型 $f_k$ 就可以写作:

$$f_k = \omega_{q(x)}^k \tag{8.20}$$

我们在式(8.15)中加入正则化项,并将模型项用叶节点的大小改写为:

$$L(y, F_k) = L(y, F_{k-1}) + L'\omega_{q(x)}^k + \frac{1}{2}L''\omega_{q(x)}^k + \gamma T + \lambda\sum_{j}^{T}(\omega_j^k)^2 \tag{8.21}$$

可以注意到上式的正则化项是对所有的叶节点进行了求和,每一个叶节点可能包含多个样本,可以用 $L_j'$ 表示在第 $j$ 个叶节点上样本所求的导数,$\omega_j^k$ 表示第 $j$ 个叶节点上样本的输出,就可以将上式的矢量和标量混合形式转换为写作对叶节点求和的形式:

$$L(y, F_k) = L(y, F_{k-1}) + \sum_{j}^{T}L_j'\omega_j^k + \sum_{j}^{T}\frac{1}{2}L_j''(\omega_j^k)^2 + \gamma T + \lambda\sum_{j}^{T}(\omega_j^k)^2 \tag{8.22}$$

我们通过合并同类项,并将同样的思路对损失函数最小化,可以得到叶节点对应的最佳值为:

$$\omega_j^k = -\frac{L_j'}{L_j' + 2\lambda} \tag{8.23}$$

可以看到正则化系数被加入了最佳值的分母之中,说明任意正的正则化系数都可以将预测值缩小,也证明了正则化起到了效果。

## 8.5 使用 scikit-learn

我们在第 5 章中得到过未加任何限制条件的决策树,虽然其存在着过拟合,但我们并没有对其进行对比,我们要拿决策树与其他模型对比时,要获得它的最佳泛化误差,这样的对比才是一个有效的对比,所以我们以叶节点包含的最小样本数作为超参数,来观察泛化误差的变化:

```
import matplotlib.pyplot as plt
import seaborn as sns
from sklearn.model_selection import cross_validate
from sklearn import datasets
from sklearn.tree import DecisionTreeClassifier as DTC

iris = datasets.load_iris()
X = iris.data
y = iris.target

test_mse = []
train_mse = []
```

```
depths = range(1, 20)
for d in depths:
    clf  = DTC(criterion = 'entropy', min_samples_leaf = d)
    clf_dict = cross_validate(clf, X, y, cv = 10, scoring = 'accuracy')
    test_mse. append(clf_dict['test_score']. mean())
    train_mse. append(clf_dict['train_score']. mean())

sns. set(style = 'darkgrid')
plt. plot(depths, train_mse, 'b - ', label = 'Train Accuracy')
plt. plot(depths, test_mse, 'r - ', label = 'Test Accuracy')
plt. xlabel('minimum number of samples required to be at a leaf node')
plt. ylabel('Accuracy')
plt. legend()
plt. show()
```

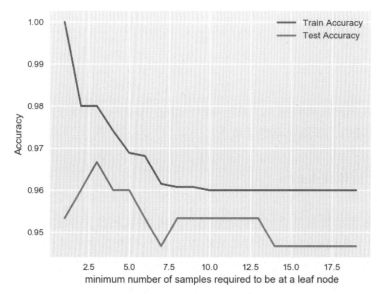

■图 8.1 单棵决策树训练和测试性能随着叶节点包含的最小样本数的变化

从图 8.1 中可以看到，当叶节点包含的最小样本个数为 3 时，单棵决策树的性能达到了最优，我们就可以说决策树在 Iris 数据上的准确率最优可以达到 0.967，请记住这个结果，接下来我们为 Iris 数据构建随机森林：

```
import numpy as np
import matplotlib. pyplot as plt
from sklearn import datasets
from sklearn. ensemble import RandomForestClassifier as RFC

iris = datasets. load_iris()
```

```
X = iris.data[:, :2]
y = iris.target

def make_meshgrid(x, y, h = .02):
    x_min, x_max = x.min() - 1, x.max() + 1
    y_min, y_max = y.min() - 1, y.max() + 1
    xx, yy = np.meshgrid(np.arange(x_min, x_max, h), np.arange(y_min, y_max, h))
    return(xx, yy)

xx, yy = make_meshgrid(X[:,0], X[:,1])

clf = RFC(random_state = 42)
clf.fit(X, y)
Z = clf.predict(np.c_[xx.ravel(), yy.ravel()])
Z = Z.reshape(xx.shape)

plt.figure()
plt.contourf(xx, yy, Z, cmap = plt.cm.RdBu, alpha = 0.6)
for c, i, names in zip("rgb", [0, 1, 2], iris.target_names):
    plt.scatter(X[y == i, 0], X[y == i, 1], c = c, label = names, edgecolor = 'k')
plt.title("Random Forest")
plt.legend()

plt.show()
```

■图8.2 随机森林的决策边界

从图 8.2 中可以看出，因为我们可以注意到最左边的蓝点，显然我们的随机森林单独为一个孤立的样本创立了规则。

因为随机森林有着随机的特征扰动，所以我们需要设置随机数种子，确保每次结果的稳定性，在这里将随机数种子设置为 42。随机森林由决策树构成，所以决策树的防止过拟合手段在随机森林中仍然使用，理论上我们可以进行剪枝，实践中我们可以通过限制叶节点的最小样本数、树的最大深度以及叶节点的个数来对随机森林进行调节，但是比起这些，集成学习组合了大量的决策树，决策树的数量会成为一个很有意义的超参数。

某些人会想到，我们选取的决策树数量越多越好，因为 Bagging 集成就要结合大量学习器。这种看法是错误的，因为随着学习器数量的增加，我们很难保证模型的差异化足够大，集成学习反而会变得很糟糕，模型差异化是集成学习最重要的问题，根据我们主要的三种获得差异化的手段，基学习器的数量要随着样本量、特征数和学习器本身的参数分布来决定。

比如，我们以基学习器的数量作为超参数，将叶节点包含的最小样本数设置为 3（与单棵决策树一样），来观察决策边界的变化：

```
.....
numbers = [1,5,10,50]
sns.set(style = 'darkgrid')
for k,j in enumerate(numbers):
    clf = RFC(n_estimators = j,min_samples_leaf = 3)
    clf.fit(X,y)
    Z = clf.predict(np.c_[xx.ravel(), yy.ravel()])
    Z = Z.reshape(xx.shape)
    plt.subplot(len(numbers)/2,len(numbers)/2,k+1)
    plt.contourf(xx,yy,Z,cmap = plt.cm.RdBu,alpha = 0.6)
    for i,v,l in
        [[0,'r','setosa'],[1,'g','vericolor'],[2,'b','virginica']]:
        plt.scatter(X[y == i][:,0],X[y == i][:,1],c = v,label = l,edgecolor = 'k')
    plt.title('$n= $ %s'% j)
    plt.legend()
......
```

如图 8.3 所示，我们可以看到随着基学习器的增加，决策边界的变化率变得缓慢。当基学习器从 1 变到 5 时，决策边界的变化非常明显，但基学习器从 10 变到 50 时，决策边界几乎不再变化。

其中的原因与我们的随机森林的构建方式有关，有两点至关重要：

（1）Iris 数据只有 4 个，而我们为了可视化，也只选取了两个特征，只有两个特征的情况下，所谓的特征扰动法几乎不会对决策树的差异化做出贡献，所以少量的决策树就可以保证很好的差异化，继续增加决策树，只是在增加重复的决策树，并不会对最后的结果做出很大的优化。

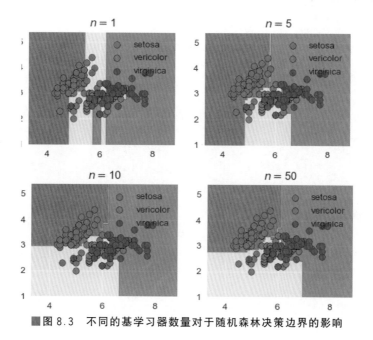

■图8.3 不同的基学习器数量对于随机森林决策边界的影响

（2）在随机森林的框架下，只包含一棵决策树时，因为添加了特征和数据扰动，所以性能比不上单棵决策树的效果，但随着基学习器数目的增加，随机森林的性能会很快超过单棵决策树。

同样根据理论，随机森林的性能会随着基学习器的增加而增加，但是会增加得越来越缓慢，而且集成学习的特性也决定了我们在训练集上和测试集上都会出现相同的趋势，我们继续来验证这一点：

```
......
iris = datasets.load_iris()
X = iris.data
y = iris.target

test_mse = []
train_mse = []
numbers = range(1, 50)
for d in numbers:
    clf = RFC(n_estimators = d, min_samples_leaf = 3)
    clf_dict = cross_validate(clf, X, y, cv = 5, scoring = 'accuracy')
    test_mse.append(clf_dict['test_score'].mean())
    train_mse.append(clf_dict['train_score'].mean())

sns.set(style = 'darkgrid')
plt.plot(numbers, train_mse, 'b - .', label = 'Train Accuracy')
plt.plot(numbers, test_mse, 'r - .', label = 'Test Accuracy')
```

```
plt.xlabel('n estimators')
plt.ylabel('Accuracy')
plt.legend()
plt.show()
```

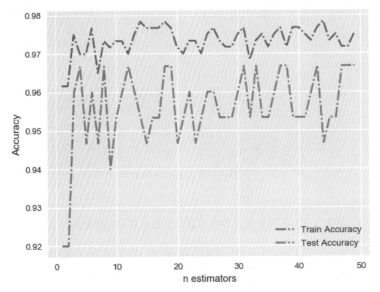

■图 8.4    不同的基学习器数量对于随机森林决策性能的影响

如图 8.4 所示,随着基学习器的增加,随机森林的训练和测试误差都趋于稳定,在基学习器为 1 时,我们可以注意到随机森林的性能很低,随着基学习器数量的增加,性能提升得非常快,但增加到某个值后,随机森林的性能几乎不再提升。

盲目的增加基学习器虽然不会使性能明显降低,但却会带来运算效率的问题,所以我们一般根据选取使性能稳定下来的最小基学习器的数目,随之而来的一个问题则是,我们可以看到随机森林在性能达到稳定时,准确率也低于 0.97,此处提供两个方向参考,一方面,对于随机森林的每个基学习器,能够限制的叶节点的最小样本数并不一定和单棵决策树相同,因为数据扰动和特征扰动都会影响这一结果,另外我们使用一种被普遍证明良好的技巧,注意到我们在构建随机森林的时候,会在当前节点的特征集,挑选出一个特征子集,我们挑选的最佳特征不会在整个特征集中搜索,而是在这个子集中,这个特征子集的规模普遍推荐大小是特征数的对数,我们尝试使用这一想法:

clf = RFC(n_estimators = d, max_features = 'log2', min_samples_leaf = 3)

如图 8.5 所示,如果我们对叶节点不加限制的话,训练集的泛化误差就会降到零,体现为每个样本都会预测对,准确率为 1,而测试集整体的准确率却下降了,间隔变大,再一次证明了限制叶节点会降低过拟合的风险;另一方面,我们限制了节点的特征子集的规模。

我们可以发现,此时测试准确率会达 0.974,比起单棵决策树虽有提升,但这样的提升

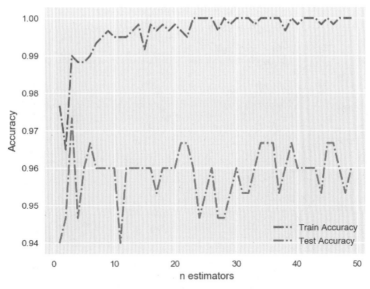

■图 8.5 不同的基学习器数量对于随机森林决策边界的影响

还是太小,一方面我们不得不承认单棵决策树可能就已经可以非常好地适应数据;但另一方面我们仍可以试着继续提升集成性能。我们在此基础上,对随机森林增大随机性,也就是继续想办法增大模型的差异性,使用一种叫作 Extremely Randomized Tree 的方法,它本质也是随机森林,但是在每次节点划分的时候,普通的随机森林会在属性上选择最佳值,而Extremely Randomized Trees 在选择划分上是完全随机的,这样的基学习器性能差异是非常大的,理论上性能也会更好,如图 8.6 所示。

```
from sklearn.ensemble import ExtraTreesClassifier as ETC
……
test_mse = [ ]
train_mse = [ ]
numbers = range(1,50)
for d in numbers:
    clf = ETC(n_estimators = d, min_samples_leaf = 3, bootstra = True)
    clf_dict = cross_validate(clf, X, y, cv = 5, scoring = 'accuracy')
    test_mse.append(clf_dict['test_score'].mean())
    train_mse.append(clf_dict['train_score'].mean())
……
```

我们可以看到测试误差和普通的随机森林相差不多,但是测试集性能整体有提升,即对于一定数量的基学习器,性能均有所提高。

发现了无论是随机森林还是 Extremely Randomized Trees,随着基学习器的增加,泛化误差都会趋于稳定。从理论来看,Boosting 集成就不会遇到这样的问题,因为每一个基学习器都要针对上一轮学习器的结果进行优化,Adaboost 的分类版本会更关注分类错误的样

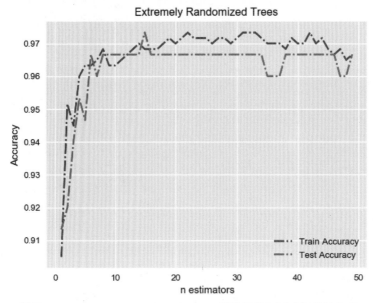

■图 8.6    Extremely Randomized Trees 训练误差和测试误差的表现

本，Gradient Boosting 的回归版本会去继续优化 *Loss* 的负梯度。首先我们使用 Adaboost 适应 Iris 数据，以决策树作为基学习器，我们在上面得到了决策树的叶节点的最小样本为 3，所以将基学习器的叶节点最小样本也设置为 3，进一步观察基学习器数量对泛化误差的影响：

```
import numpy as np
import matplotlib.pyplot as plt
import seaborn as sns
from sklearn import datasets
from sklearn.model_selection import cross_validate
from sklearn.ensemble import AdaBoostClassifier as ABC
from sklearn.tree import DecisionTreeClassifier as DTC

iris = datasets.load_iris()
X = iris.data
y = iris.target

dtc = DTC(min_samples_leaf = 3)

test_mse = [ ]
train_mse = [ ]
numbers = range(1,50)
for d in numbers:
    clf = ABC(base_estimator = dtc,n_estimators = d)
```

```
clf_dict = cross_validate(clf, X, y, cv = 10, scoring = 'accuracy', algorithm = 'SAMME')
test_mse.append(clf_dict['test_score'].mean())
train_mse.append(clf_dict['train_score'].mean())

sns.set(style = 'darkgrid')
plt.plot(numbers, train_mse, 'b-.', label = 'Train Accuracy')
plt.plot(numbers, test_mse, 'r-.', label = 'Test Accuracy')
plt.xlabel('n estimators')
plt.ylabel('Accuracy')
plt.title('DecisionTree for Adaboost')
plt.legend()
plt.show()
```

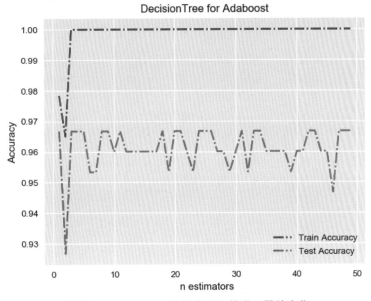

■图 8.7 Adaboost 的性能随着基学习器的变化

  如图 8.7 所示,我们可以看到在一开始的时候测试准确率就非常高,添加了基学习器之后,测试准确率并没有增加。回顾 Adaboost 的整个过程,一开始,我们使用学习器应用在全部数据上,训练完成后,我们利用错误率更新学习器的权重,并利用对应的损失更新样本的权重,如果一开始,我们就利用一个强学习器,那么错误率本身就很低,继续添加学习器,测试准确率就不会变化。为了 Adaboost 显示出威力,我们在一开始更合适的做法是构建弱学习器。

  我们的方法是限制决策树的最大深度为 1,因为当决策树的深度为 1 的时候,只对属性进行了一次划分,一般而言效果都是差的。

  ....

```
dtc = DTC(max_depth = 1)
....
```

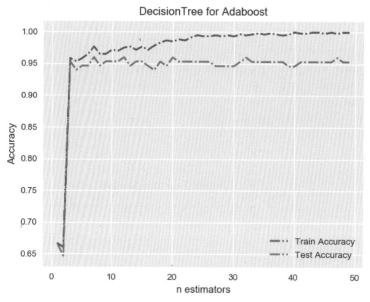

■图 8.8　基学习器较弱的情况下，Adaboost 的性能随着基学习器的变化

从图 8.8 可以看出，随着基学习器数量的增加，测试准确率先急速上升，然后稳定。我们还可以观察基学习器数量的增加，决策边界的变化：

```
import numpy as np
import matplotlib.pyplot as plt
from sklearn import datasets
from sklearn.ensemble import AdaBoostClassifier as ABC
from sklearn.tree import DecisionTreeClassifier as DTC
import seaborn as sns

iris = datasets.load_iris()
X = iris.data[:, :2]
y = iris.target

def make_meshgrid(x, y, h = .02):
    x_min, x_max = x.min() - 1, x.max() + 1
    y_min, y_max = y.min() - 1, y.max() + 1
    xx, yy = np.meshgrid(np.arange(x_min, x_max, h), np.arange(y_min, y_max, h))
    return(xx, yy)

xx, yy = make_meshgrid(X[:,0], X[:,1])

dtc = DTC(max_depth = 1)
```

```
numbers = [1,5,10,50]
sns.set(style = 'darkgrid')
for k,j in enumerate(numbers):
    clf = ABC(base_estimator = dtc,n_estimators = j)
    clf.fit(X,y)
    Z = clf.predict(np.c_[xx.ravel(), yy.ravel()])
    Z = Z.reshape(xx.shape)
    plt.subplot(len(numbers)/2,len(numbers)/2,k + 1)
    plt.contourf(xx,yy,Z,cmap = plt.cm.RdBu,alpha = 0.6)
    for i,v,l in
        [[0,'r','setosa'],[1,'g','vericolor'],[2,'b','virginica']]:
        plt.scatter(X[y == i][:,0],X[y == i][:,1],c = v,label = l,edgecolor = 'k')
    plt.title('$ n = $ %s'% j)
    plt.legend()

plt.show()
```

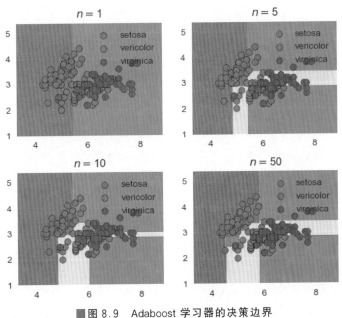

■图 8.9  Adaboost 学习器的决策边界

从图 8.9 中可以看出,当基学习器为 1 的时候,决策边界非常简单,因为只进行了一次划分,与理论相符。随着基学习器数量的增加,决策边界变得越来越复杂,直到基学习器数量为 50 的时候,甚至为左边的蓝点单独创立了规则。

那么,一个严肃的问题摆在我们面前,对于 Adaboost,基学习器数量的增加是否会导致过拟合呢? 人们在有些情况下甚至还会发现,训练误差为零的情况下,测试性能仍然能进一步提升。

一般认为,在 Bagging 中,泛化误差的减小主要来源于方差的降低;在 Boosting 中,泛化误差的减小主要来源于偏差的降低。前者更容易出现欠拟合,后者则更容易出现过拟合。根据我们原本的理论,基学习器数量的增加会增大模型的复杂度,势必会在某个节点出现过拟合,泛化误差下降,但从另一方面来说,Adaboost 对模型的加权平均,不能纠正错误的模型权重系数也会很小,对结果似乎也不会产生大的影响。

这个问题目前并没有得到彻底解决,现在比较有说服力的是间隔理论(Margin Theroy),所谓的 Margin 可以简单理解为决策边界离样本的远近,因为虽然决策边界内包含了很多点,但离决策边界的远近程度却不一样,离得远的样本点不容易随着决策边界的变化而变化,而处在决策边界边缘的样本点却对变化非常敏感,所以即使训练误差为零,但泛化误差还有上升的空间,因为此时的优化过程是在扩大决策边界与样本的最小间隔,而利用传统的分析方法无法看到这样的过程。从数学上来说,就是改变了泛化误差的上界。

所以按照这个理论,Adaboost 训练集上的稳定,实际上是在不断对决策边界进行调整,而 Adaboost 每次仅更新一个参数,也会让学习过程变得非常缓慢。

关于 Gradient Boosting 的实现较为简单,当我们使用决策树作为基学习器时,自然可以通过剪枝来限制每棵树的过拟合程度,我们前面的做法已经证明了在 Boosting 中对单棵树做限制很可能是无效的,所以必须清楚两种正则化的手段:

**1. 将普通的加性模型**

$$F_n(x) = F_{n-1} + \alpha_n f_n(x)$$

再次添加 Learning Rate:

$$F_n(x) = F_{n-1} + v\alpha_n f_n(x)$$

这样一种参数化的办法实际上是调节了每棵树的影响,使得后面具有更大的学习空间。

**2. Subsampling**

借用了 Bagging 中的 Bootstrap 做法,与 Bootstrap 不同的是,它是不放回的采样。需要注意的是,每次迭代的时候,我们都会进行全新的不放回采样。这将有助于减小方差,降低过拟合的风险。

这两种正则化方式也被叫作 Shrinkage。我们试着对数据作梯度提升,并设置 learning rate 和 Subsampling,来观察对泛化性能的影响:

```
import numpy as np
import matplotlib.pyplot as plt
import seaborn as sns
from sklearn import ensemble
from sklearn import datasets
from sklearn.model_selection import train_test_split

X, y = datasets.make_hastie_10_2(n_samples = 12000, random_state = 1)
```

```
X = X.astype(np.float32)

labels, y = np.unique(y, return_inverse = True)

X_train, X_test, y_train, y_test = train_test_split(X, y, test_size = 0.8, shuffle = False)

original_params = {'n_estimators': 1000, 'max_leaf_nodes': 4,
    'max_depth': None, 'random_state': 2,
                'min_samples_split': 5}

sns.set(style = 'darkgrid')

for label, color, setting in [('No shrinkage', 'orange',
                        {'learning_rate': 1.0, 'subsample': 1.0}),
                        ('learning_rate = 0.1', 'turquoise',
                        {'learning_rate': 0.1, 'subsample': 1.0}),
                        ('subsample = 0.5', 'blue',
                        {'learning_rate': 1.0, 'subsample': 0.5}),
                        ('learning_rate = 0.1, subsample = 0.5', 'gray',
                        {'learning_rate': 0.1, 'subsample': 0.5})]:
    params = dict(original_params)
    params.update(setting)

    clf = ensemble.GradientBoostingClassifier(** params)
    clf.fit(X_train, y_train)

    test_deviance = np.zeros((params['n_estimators'],), dtype = np.float64)
    for i, y_pred in enumerate(clf.staged_decision_function(X_test)):
        test_deviance[i] = clf.loss_(y_test, y_pred)

    plt.plot((np.arange(test_deviance.shape[0]) + 1)[::5],
        test_deviance[::5],
            '-', color = color, label = label)

plt.legend()
plt.xlabel('Boosting Iterations')
plt.ylabel('Test Set Deviance')

plt.show()
```

　　如图 8.10 所示，随着基学习器的增加，添加了 Subsampling 和 learning rate 的曲线测试误差最终收敛到了一个很低的区间，没有添加任何正则化手段的提升树，在基学习器大约为 200 的时候就产生了微弱的过拟合。

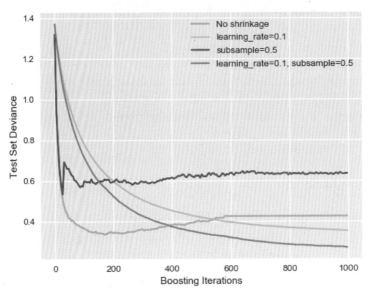

■图 8.10    两种正则化手段对 GBDT 学习器的影响

# 第9章 核化降维和学习流形

在第 3 章中,我们可以看到 $k$ 近邻算法特别需要能在其附近找到 $K$ 个数据点,测试点必须距离测试点足够近才能符合"距离越近的样本越相似"这一假设,但是随着特征维数的增大,样本会变得稀疏,距离计算的难度也在增大,这一现象被称为维数灾难(Curse of Dimensionality)。第 2 章所介绍的特征选择是数据压缩的一种手段,它从众多的特征中挑选出对任务真正有价值的特征,但一方面很多情况下不那么重要的特征并不能轻易舍弃,他们对于任务都有着贡献,另一方面任务所需要的可能是不同特征的线性或非线性组合,我们就需要使用特征提取的技术来得到效果更好的表示。

## 9.1　线性降维

在高维空间(维数 $D$)的所有样本都可以被表示为一个向量: $x_i = (x_1, x_2, x_3, \cdots, x_D)$,假设我们将高维空间线性转换为一个低维空间,在投影之后的低维空间(维数 $d$,有 $d < D$),样本也是一个向量: $y_i = (y_1, y_2, y_3, \cdots, y_d)$。样本向量的变化可以通过一个矩阵来联系,我们把它叫作投影矩阵,它的几何含义是将一个高维向量投影到低维空间得出一个低维向量:

$$y_i = \boldsymbol{W}^{\mathrm{T}} x_i \tag{9.1}$$

假设数据有两个特征维度,需要将其变为 1 维,我们有无数个投影的方向,因为我们可以找出无数条直线来进行投影,那么哪条直线才是最好的低维空间呢? PCA(Principal Component Analysis)的目标是找到一条直线使得投影之后的点尽可能地远离彼此,因为点之间的互相远离就意味着某些距离信息被保留了下来。如图 9.1 所示,两条直线均可以实现降维,但投影后的方差存在差异,直线上方差较小的数据点重叠在一起,很难分辨,方差大的直线则尽可能地保留了数据点的差异。

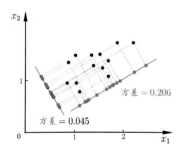

■图 9.1　二维空间的样本点在不同直线上的投影

我们表达这种关系的方式是协方差矩阵,协方差矩阵的对角元是方差。我们将数据进行标准化,使得每个特征的均值为零,协方差矩阵就可以写作很简单的形式:

$$\sum_{ij}^{D} = x_i x_j^{\mathrm{T}} \tag{9.2}$$

当转换为低维空间,伴随着样本向量的变化,新的低维空间的协方差矩阵就会变为:

$$\sum_{ij}^{d} = y_i y_j^{\mathrm{T}} = W^{\mathrm{T}} x_i x_j^{\mathrm{T}} W \tag{9.3}$$

结合式 9.3 和定义 9.1,我们发现新的协方差矩阵和原来的协方差矩阵是相似矩阵,我们需要找的投影矩阵 $W$ 其实是一个使 $XX^{\mathrm{T}}$ 对角化的可逆矩阵,而它的转置等于它的逆 $W^{\mathrm{T}} = W^{-1}$。所以我们寻找 $W$ 的过程,就是寻找 $XX^{\mathrm{T}}$ 的特征向量的过程,而方差最大化的过程,也就是寻找 $XX^{\mathrm{T}}$ 最大特征值的过程。

**定义 9.1**(迹、矩阵的对角化、特征向量三者的关系)　矩阵 $M$ 是一个线性变换,如果存在向量在该矩阵代表的变换下方向不变,只是长度进行了放缩,那么此向量就是该矩阵的特征向量,对应的放缩程度就是特征向量对应的特征值,有:

$$M_\mu = \lambda \mu$$

对于矩阵 $M$,有可逆矩阵 $V$,使得 $S = V^{-1} M V$ 成为对角矩阵,对角矩阵的对角元就是特征向量的特征值,矩阵 $V$ 的每一列对应着 $M$ 的特征向量。$S$ 和 $M$ 是相似矩阵。矩阵的迹定义为矩阵对角元之和,根据迹的性质可以证明,如果两个矩阵为相似矩阵,那么它们具有相同的迹,所以一个推论是,矩阵的迹就是该矩阵的所有特征值的和。

为了实现降维的目的,我们只需要对 $XX^{\mathrm{T}}$ 做特征分解,将其特征值排序,取到前面的 $d$ 个特征向量,彼此正交,构成了投影矩阵 $W$,而它们所张成的低维空间,就是使得投影点方差最大的低维空间。

PCA 属于无监督的降维方法,依据方差最大的原则虽然可以得到一个不错的低维空间,但是并没有使用类别信息,如果我们使用类别信息就可以进一步将方差原则细化为:经过降维,同一类的样本方差尽可能地小,表示同一类的样本越集中,不同类的样本方差尽可能地大,表示不同类的样本越分散。

这就是线性判别分析(Linear Discriminant Analysis,LDA)的基本思想,如图 9.2 所示,可以看到 LD1 的结果要比 LD2 的相同类的样本更集中,不同类之间则更分散。

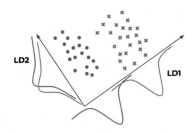

■图 9.2 对于二分类数据,两种不同投影方式的差异

我们以二分类问题为例探讨 LDA 的数学描述,我们用 $x_1$,$x_2$ 表示两类样本,用 $\mu_1$,$\mu_2$ 表示两类样本的均值向量,用 $\Sigma_1$,$\Sigma_2$ 来表示两类样本的协方差矩阵,同样地,我们假设存在一个投影矩阵 $\boldsymbol{W}$,将原始数据变换到一个低位空间,这些量会在低维空间可以被表示为:

$$Y_i = \boldsymbol{W}^{\mathrm{T}} X_i$$
$$\eta_i = \boldsymbol{W}^{\mathrm{T}} \mu_i$$
$$\Omega_i = \boldsymbol{W}^{\mathrm{T}} \mu_i$$

其中 $Y_i$,$\eta_i$,$\Omega_i$ 分别为低维空间的样本、均值向量和协方差矩阵。在投影空间的相同样本的方差 $\Omega_1 + \Omega_2$ 最小,意味着最小;而不同样本的距离最大,意味着 $\| \eta_1 - \eta_2 \|_2^2$ 最大。

我们定义原始空间的样本协方差矩阵之和为 $S_w$,类内散度矩阵(Within-Class Scatter Matrix),用来刻画原始空间上同类样本的方差:

$$\Omega_1 + \Omega_2 = \boldsymbol{W}^{\mathrm{T}} \Sigma_1 \boldsymbol{W} + \boldsymbol{W}^{\mathrm{T}} \Sigma_2 \boldsymbol{W}$$
$$= \boldsymbol{W}^{\mathrm{T}} (\Sigma_1 + \Sigma_2) \boldsymbol{W}$$
$$= \boldsymbol{W}^{\mathrm{T}} \boldsymbol{S}_w \boldsymbol{W}$$

同时定义类间散度矩阵(Between-Class Scatter Matrix)$S_b$,用来刻画原始空间上不同类的样本的距离:

$$\| \eta_1 - \eta_2 \|_2^2 = \| \boldsymbol{W}^{\mathrm{T}} \mu_1 - \boldsymbol{W}^{\mathrm{T}} \mu_2 \|_2^2$$
$$= \boldsymbol{W}^{\mathrm{T}} \| \mu_1 - \mu_2 \|_2^2$$
$$= \boldsymbol{W}^{\mathrm{T}} (\mu_1 - \mu_2)(\mu_1 - \mu_2)^{\mathrm{T}} \boldsymbol{W}$$
$$= \boldsymbol{W}^{\mathrm{T}} \boldsymbol{S}_b \boldsymbol{W}$$

将以上的原则结合起来,我们的目标就可以写为:

$$\max_{\boldsymbol{W}} \frac{\boldsymbol{W}^{\mathrm{T}} \boldsymbol{S}_b \boldsymbol{W}}{\boldsymbol{W}^{\mathrm{T}} \boldsymbol{S}_w \boldsymbol{W}} \tag{9.4}$$

根据广义瑞利商的性质,见定义 9.2,我们寻求最大值就变成了对 $S_w^{-1} S_b$ 进行特征值分解,然后选取最大的特征值和相应的特征向量。特征向量所在的直线的法线方向就是投影的方向。

**定义 9.2（广义瑞利商）** 若 $x$ 为非零向量,且 $A$ 和 $B$ 为厄米矩阵(Hermitan),厄米矩阵的转置共轭等于其本身,则有:

$$R(A,B,x)=\frac{x^{\mathrm{T}}Ax}{x^{\mathrm{T}}Bx}$$

为 $A,B$ 的广义瑞利商(Generalized Rayleigh Quotient),它的最大值是 $B^{-1}A$ 的最大特征值。

## 9.2  核化线性降维

我们在第 6 章中学习了提高维度可以将特征空间线性不可分变为线性可分,并且使用核技巧来简化升高维度以后带来的计算问题。我们在普通的线性降维算法中引入核技巧,虽然这样的一种先升维再降维的思路看起来与降维的目的背道而驰,但是通过非线性的转换却能捕捉到数据更为复杂的关系。

线性和非线性区别见定义 9.3,如果我们仔细把叠加原理拆开,发现它正对应着矩阵的乘法,事实上,矩阵的乘法就是根据线性映射的叠加原理来定义的。PCA 和 LDA 中的投影就是典型的线性变换。

**定义 9.3（叠加原理）** 一个函数如果可以同时满足可加性和齐次性两个条件,就可以被称作线性函数:

$$f(x+y)=f(x)+f(y)$$
$$f(ax)=af(x)$$

线性函数作用在一个向量上,被称作一个线性变换,同时满足了可加性和齐次性:

$$f(ax_1+bx_2+\cdots)=af(x_1)+bf(x_2)+\cdots$$

这个关系也叫作叠加原理。当一个理论用了叠加原理时,其实本质是利用了线性关系。

现将 $x$ 变换为 $\phi(x)$ 作为我们处理的对象,还是以二分类问题为例,样本变成了 $\phi(x_1)\phi(x_2)$,下标代表着不同的类别,不同类别下的均值向量变成了 $\mu_1^{\phi}\mu_2^{\phi}$,样本的协方差矩阵变为了 $\Sigma_1^{\phi},\Sigma_2^{\phi}$,与传统的 LDA 一样,我们假设存在一个投影矩阵 $W$,这些量会在目标低维空间变成:

$$Y_i=W^{\mathrm{T}}\phi(X_i)$$
$$\eta_i=W^{\mathrm{T}}\mu_i^{\phi}$$
$$\Omega_i=W^{\mathrm{T}}\Sigma_i^{\phi}W$$

同样的类内散度矩阵 $S_w$,类间散度矩阵 $S_b$ 就变为:

$$S_b^{\phi}=(\mu_1^{\phi}-\mu_2^{\phi})(\mu_1^{\phi}-\mu_2^{\phi})^{\mathrm{T}}$$
$$S_w^{\phi}=\Sigma_1^{\phi}+\Sigma_2^{\phi}$$

优化目标就变为:

$$\max_{w} \frac{\boldsymbol{W}^{\mathrm{T}} \boldsymbol{S}_b^{\phi} \boldsymbol{W}}{\boldsymbol{W}^{\mathrm{T}} \boldsymbol{S}_w^{\phi} \boldsymbol{W}} \tag{9.5}$$

在很多时候,我们并不需要知道具体的高维变换 $\phi$,尤其是像高斯核对应着无穷维变换,所以并不可以直接采用广义瑞利商的形式,在计算类间散度矩阵和类内散度矩阵时,都会涉及样本高维变换的乘积 $\phi(x_1)\phi(x_2)$,但我们可以用核函数来表达这个乘积,同时因为每个样本都会做乘积,所以可以写成矩阵的形式:

$$K_{ij} = \kappa(x_i, x_j)$$

这里的 $i,j$ 并不是样本的标记,我们定义指示变量 $I_{l_i}$,它是一个向量,维数等于样本数。它可以按类别挑出样本,因为当样本属于 $l_i$ 样本时,它对应位置的元素为1,否则为零。

根据表示定理,我们重新把优化函数项写成关于核矩阵的形式,就有:

$$\boldsymbol{W}^{\mathrm{T}} \boldsymbol{S}_b^{\phi} \boldsymbol{W} = \boldsymbol{\alpha}^{\mathrm{T}} \boldsymbol{M} \boldsymbol{\alpha} \qquad \boldsymbol{W}^{\mathrm{T}} \boldsymbol{S}_w^{\phi} \boldsymbol{W} = \boldsymbol{\alpha}^{\mathrm{T}} \boldsymbol{N} \boldsymbol{\alpha}$$

其中,$\boldsymbol{M}$ 是重写之后的类间散度矩阵,形式比较简单,但 $\boldsymbol{N}$ 是重写的类内散度矩阵,定义为:

$$N = \sum_{j=1,2} \boldsymbol{K}_j (I - I_{l_j}) \boldsymbol{K}_j^{\mathrm{T}}$$

我们的优化目标就变成了:

$$\max_{\alpha} \frac{\boldsymbol{\alpha}^{\mathrm{T}} \boldsymbol{M} \boldsymbol{\alpha}}{\boldsymbol{\alpha}^{\mathrm{T}} \boldsymbol{N} \boldsymbol{\alpha}}$$

继续转化为一个广义瑞利商问题,进而成为奇异值分解的问题,就可求得投影以后的空间。

## 9.3　流形学习

虽然我们经常采用特征坐标来描述数据,特征的维度就是坐标的维度,但数据的分布本身可能就不是高维的,而是一个嵌在高维空间的低维流形,见定义 9.4。

地球表面近似为一个球面,此球面就可以看作为一个嵌在三维空间上的二维流形,如果我们想研究它的内在结构,只需要保持它们的距离信息其"展开"为二维,这一过程就好像我们在绘制一个地图,这样的展开过程就是在降低维度,因为减少了特征的维度,这样的假设数据分布在低维流形上,然后给流形绘制"地图"的方法,我们叫作流形学习(Manifolds Learning)。

**定义 9.4(流形(Manifolds))**　流形是一种空间,它的局部具有欧几里得空间的性质,但整体的性质却不同于欧几里得空间,球面就是一个典型的流形。比如我们身处在理想化地球上的一小块区域上就会认为这一块足够平,符合欧几里得空间的性质,但是整体上地球却不是一个平直的空间,我们沿着一个方向走,最终会回到起点。欧几里得空间是最简单的流形。

首先,我们先假设数据本身分布在平直的空间内,然后再将其拓展到更为复杂的流形上。多维缩放(Multiple Dimensional Scaling,MDS)的技术是尽可能在低维线性空间保持高维线性空间的距离信息。样本之间的距离可以构成一个距离方阵 $M$,它的行数和列数均等于样本数,它的对角元全部为零,因为它的每一个矩阵元都是相应样本的距离,即:

$$m_{ij} = \| x_i - x_j \|$$

根据我们的目标,在低维空间的样本 $y_i, y_j$ 有关系:

$$m_{ij}^2 = \| y_i - y_j \|^2 = \| y_i \|^2 + \| y_j \|^2 - 2y_i^{\mathrm{T}} y_j$$

如果我们定义低维空间的内积矩阵 $D$,每个矩阵元代表着样本于样本之间的内积,$d_{ij} = y_i^{\mathrm{T}} y_j$,在此基础上,$m_{ij}^2 = d_{ii} + d_{jj} - 2d_{ij}$,假设低维空间的样本被中心化:$\Sigma_i y_i = 0$,就有:

$$\sum_i^m d_{ij} = \sum_j^m d_{ij} = 0$$

则 $M$ 矩阵的矩阵元求和就有:

$$m_{i.}^2 = \frac{1}{N}(Tr(D) + d_{jj}) m_{.j}^2 = \frac{1}{N}(Tr(D) + d_{ii}) m_{..}^2 = \frac{2}{N} Tr(D)$$

我们就可以消去 $Tr(D)$,就可以用矩阵 $M$ 来表示内积矩阵 $D$:

$$d_{ij} = -\frac{1}{2} m_{ij}^2 - m_{i.}^2 - m_{.j}^2 + m_{..}^2$$

特征值分解的数学本质,就是把矩阵对角化:

$$D = V^{-1} EV$$

其中 $E$ 为内积矩阵的对角化,$V$ 为对应特征向量组成的矩阵。将其特征值排序,取到相应的特征向量,而它们所张成的低维空间,就是使得投影点方差最大的低维空间,但需要注意,我们是对内积矩阵做对角化,得到的对角矩阵仍然是关于内积,而不是坐标,所以我们最后得到的样本表示为:

$$Y = E^{\frac{1}{2}} V$$

这就是 MDS 的数学原理,它输入了一个原始空间距离矩阵,并用原始空间的距离矩阵来表示低维空间的内积矩阵,最后输出低维空间的样本表示。但里面有一点可能并不合理,因为我们若要保持原始空间的距离,原始空间又是一个流形,计算样本的欧几里得距离,相当于并没有利用流形的内蕴空间。如图 9.3 所示,展现了欧几里得空间和曲面上的测地线距离的差别。

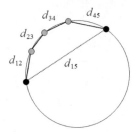

■图 9.3    $d_{15}$ 为欧几里得空间的距离,$d_{12} + d_{23} + d_{34} + d_{45}$ 是流形上距离的近似

ISOMAP(Isometric Mapping)不再使用原始空间的欧氏距离,而是使用两点的测地线距离。测地线的距离计算是根据流形局部具有欧氏空间的性质,对每一个点通过欧氏距离找到若干个临近点构成连接图,除了这几个临近点,其余的点的距离均设为无穷大。通过最短路径算法来得到两点距离(Dijkstra 算法),由此得到样本的距离矩阵。

除了距离矩阵的定义不同,ISOMAP 与 MDS 的原理一样,都是通过原始空间的距离矩阵求得低维空间的内积矩阵,最后通过特征值分解(奇异值分解)来求得低维空间的样本表示。

## 9.4 使用 scikit-learn

在降维过程中,我们为了方便做可视化,采用的数据是分类的数据,因为在特征空间里,直接观察不同类别标记样本的离散程度,可以达到来定性地认识降维方法的效果。我们会对特征空间做可视化来阐述降维的主要意义,因为降维会缩减特征空间的维数,新的特征将是原始特征的线性组合(线性降维),降维不仅使得模型的复杂度降低,提高模型的可解释性,比如在对数据进行分类的任务,在新的特征空间中,分类很可能更容易进行。

我们选用两个典型的分类数据:

(1) sklearn 的 Iris 数据,它有 150 个样本,4 个特征(sepal length,sepal width,petal length,petal width),总共分为三类(Setosa,Versicolor,Virginica)。

(2) sklearn 的 Wine 数据,它有 178 个样本,13 个特征(Alcohol,Malic acid,Ash 等),总共分为三类。

对于 Iris,我们选取其中的三个特征,可以在特征空间中看到数据的分布:

```python
from mpl_toolkits.mplot3d import Axes3D
from sklearn import datasets
data = datasets.load_iris()
X = data['data']
y = data['target']
ax = Axes3D(plt.figure())
for c,i,target_name in zip('rgb',[0,1,2],data.target_names):
    ax.scatter(X[y==i,0], X[y==i, 1], X[y==i,2], c=c, label=target_name)
ax.set_xlabel(data.feature_names[0])
ax.set_ylabel(data.feature_names[1])
ax.set_zlabel(data.feature_names[2])
ax.set_title("Iris")
plt.legend()
plt.show()
```

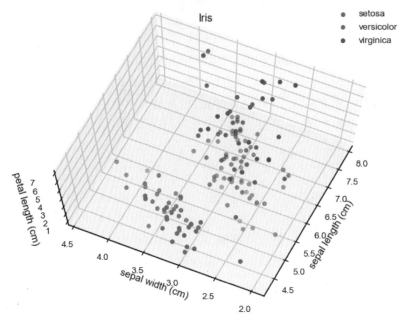

■图9.4　Iris数据在三维空间的分布

从图 9.4 可以看出 Versicolor 和 Virginica 这两类交叠在一起，Setosa 与这两类都离得特别远，我们在 sepal length 和 sepal width 所张成的二维特征空间可以将这组数据表示为：

如果我们对 Iris 用 PCA 来降维，可以看到：

```
from sklearn.decomposition import PCA
pca = PCA(n_components = 2)
X_p = pca.fit(X).transform(X)
```

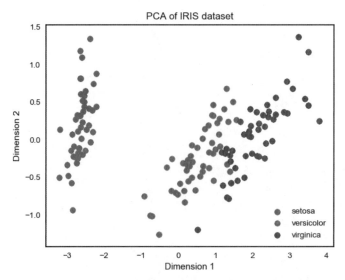

■图9.5　经过 PCA 的 Iris 数据在两个主成分空间的分布

从图 9.5 可以看出，经过降维，Versicolor 和 Virginica 两类几乎分开，我们就可以说 PCA 取得了较好的效果，如果我们再继续将 PCA 处理过的数据继续利用 SVM 或者贝叶斯分类器去学习，那么运算量将大大降低。我们可以对 Wine 数据通过上述方式得到与 Iris 一样的分布图，但是在对 Wine 数据的二维特征空间的观察，并且与做 PCA 之后的对比发现，PCA 几乎没起到任何作用。

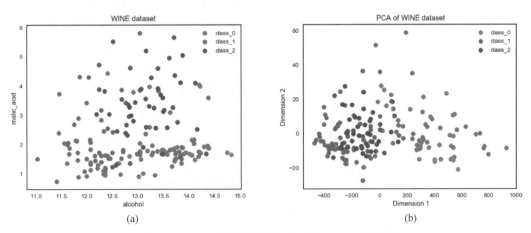

**■图 9.6** （a）为降维前的特征空间分布，（b）为降维后

这是为什么呢？是 PCA 的方法不管用了么？可能有的同学已经开始换降维方法，并且认为 PCA 不适用于这样的数据。其实，当我们碰到这样的问题时，千万不要急着换降维方法，因为使用 PCA 的降维技术有一个重要的前提，就是数据要经过标准化。因为我们在对数据的协方差矩阵做特征值分解（或奇异值分解）的时候，就默认了数据已经经过了标准化，换而言之，只有数据经过了标准化，低维空间的协方差矩阵才会是：

$$W^{\mathrm{T}} X X^{\mathrm{T}} W \qquad (9.6)$$

所以我们要先对数据标准化，然后才可以用 PCA，直接利用 PCA 的后果就会很糟糕，数据标准化的处理就是将每个特征对应的数据变成标准的高斯分布：

$$\frac{x - \bar{x}}{\sigma} \qquad (9.7)$$

其中，$\bar{x}$ 是特征均值，$\sigma$ 是特征的标准差，在程序上，我们可以对每一列做这样的处理，但在 sklearn 里面，我们可以通过如下方式来对数据做标准化，效果如图 9.7 所示，原始数据在二维空间的分布，如图 9.8 所示。

```
from sklearn.preprocessing import StandardScaler
X = StandardScaler().fit(X).transform(X)
```

可以看到，经过数据标准化，PCA 取得了很好的效果！接下来，我们换用具有流形结构的数据，并且采用 PCA 和等度量映射来观察，对于一个嵌在三维空间的二维流形，降维算法的优劣性，效果如图 9.9 和 9.10 所示。

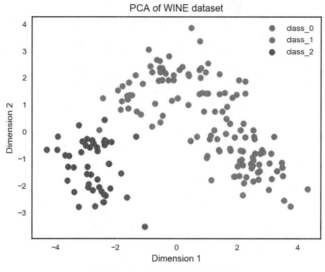

■图 9.7　降维后的二维分布

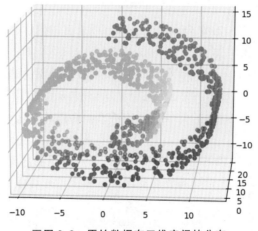

■图 9.8　原始数据在三维空间的分布

```
n_points = 1000
X, color = datasets.samples_generator.make_swiss_roll(n_points, random_state = 2018)
X_PCA = PCA(2).fit(X).transform(X)
X_ISO = Isomap(10,2).fit(X).transform(X)

ax = Axes3D(plt.figure())
ax.scatter(X[:,0],X[:,1],X[:,2],\
        c = color,cmap = plt.cm.hsv)
ax.set_title('Sample')
```

```
bx = plt.figure()
plt.scatter(X_PCA[:,0],X_PCA[:,1],c = color,cmap = plt.cm.hsv)
plt.title('PCA of Swiss Roll')

cx = plt.figure()
plt.scatter(X_ISO[:,0],X_ISO[:,1],c = color,cmap = plt.cm.hsv)
plt.title('ISOMAP of Swiss Roll')
plt.show()
```

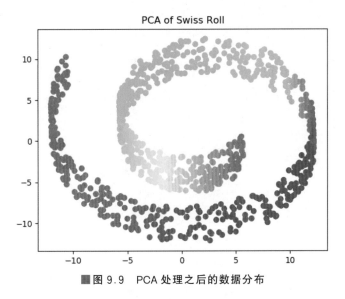

■图9.9　PCA处理之后的数据分布

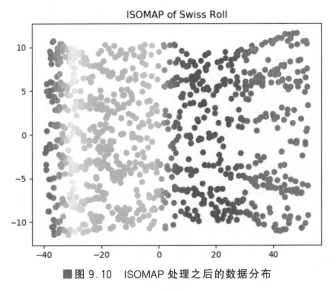

■图9.10　ISOMAP处理之后的数据分布

可以看出,等度量映射比起 PCA 获得了更好的效果。对于这样一个三维空间的二维流形,因为流形本身就是二维的,我们只需要将其"展开"和"铺平",就能最大程度保留信息,PCA 这种线性的降维方式只是选取了一个投影空间,大量的样本在低维空间没有得到表达。

最后我们对 Wine 数据分别使用 PCA、KernelPCA、局部线性嵌入、等度量映射和多维缩放技术来压缩数据,并且用 $k$ 近邻分类器交叉验证这几种降维技术的表现,代码如下:

```python
import seaborn as sns
import matplotlib.pyplot as plt
import numpy as np
from sklearn import datasets
from sklearn.model_selection import cross_validate
from sklearn.decomposition import PCA, KernelPCA
from sklearn.preprocessing import StandardScaler
from sklearn.neighbors import KNeighborsClassifier as KNC
from sklearn.manifold import Isomap, MDS
from sklearn.manifold import locally_linear_embedding as LLE

data = datasets.load_wine()
X = data['data']
X = StandardScaler().fit(data['data']).transform(data['data'])
y = data['target']
target_names = data.target_names

def dim_reductor(n, X, y):
    reductor = dict(PCA = PCA(n).fit(X).transform(X), \
    ISOMAP = Isomap(10, n).fit(X).transform(X), \
    MDS = MDS(n).fit_transform(X), \
    LLE = LLE(X, 10, n)[0], \
    KPCA = KernelPCA(n, 'rbf').fit_transform(X))
    return(reductor)

mse_mat = np.zeros((5, X.shape[1]))
for n in range(1, X.shape[1] + 1):
    reductor = dim_reductor(n, X, y)
    test_mse = []
    for name, method in reductor.items():
        X_new = reductor[name]
        clf = KNC()
        clf_dict = cross_validate(clf, X_new, y, cv = 5, scoring = 'accuracy')
        test_mse.append(clf_dict['test_score'].mean())
    mse_mat[:, n - 1] = test_mse

sns.set(style = 'white')
plt.subplot(1, 2, 1)
```

```
for idex,name in enumerate(reductor.keys()):
    plt.plot(range(1,X.shape[1] + 1),mse_mat[idex],label = name)
plt.xlabel('dimensions')
plt.ylabel('accuracy')
plt.legend()

plt.subplot(1,2,2)
sns.barplot(mse_mat[:,1],list(reductor.keys()))
plt.xlim([0.75,1])
plt.title('Accuracy of two Dimensions')
plt.show()
```

目标空间维度的变化，如图 9.11 所示。

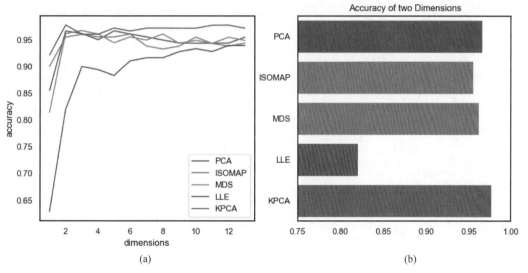

(a)　　　　　　　　　　　　　　　(b)

■图 9.11 　(a)为验证准确率随着目标空间维度的变化，(b)为各降维算法在
目标空间维度等于 2 的时候验证正确率的比较

# 第 10 章　处理时间序列

截至目前,我们接触的数据均假设为从同一个分布中独立采样而来,我们使用多种算法均以此为前提,但对于某些数据这一假设并不成立,比如语音数据和金融数据的产生,往往是一个前后相关的序列,这就要求我们的算法必须能捕捉到这种前后的关联性,本章使用马尔可夫模型来对时间序列进行建模。为了更好地理解隐变量在马尔可夫模型中发挥的作用和隐马尔可夫模型的 EM 解法,还会重点介绍概率图模型中的有向图。

## 10.1　概率图模型和隐变量

在本书中,我们加强了从概率角度考察统计模型的视角,并且用条件概率来表达变量之间的相互关系,如果我们直接对该条件概率建模,那么会得到判别式模型,如果对数据的联合概率建模,就会得到生成式模型。从概率的角度来看,学习过程就是在学习概率分布的参数,推断过程就是根据观测结果来推测隐含变量的后验分布,如果我们将这些相互关系用图结构来表达,见定义 10.1,那么很多模型会更加容易被理解。

**定义 10.1(概率图模型(Probabilistic Graphical Models))**　图可以用来表示事件与事件的关系,一张图的基本要素为边和点,我们把图中的点看作一个随机变量,边表示不同变量之间的相互关系,这样的图结构被称为概率图,它可视化了变量之间的关系概率图可以分为两种,一类称为贝叶斯网络(Bayesian Network),它的边存在箭头,表示它们的因果关系,图是有向的;另一类称为马尔可夫随机场,它的边没有箭头,随机变量间的连接只是表示存在关联,图是无向的。

以有向图为例,随机变量 $A$ 和随机变量 $B$ 之间的连线箭头(由 $A$ 指向 $B$)表示的是,$B$ 的发生要以 $A$ 为条件,随机变量 $B$ 的分布就可以被写

作一个条件分布：$p(B|A)$。图 10.1 包含了 7 个随机变量,我们采用条件概率来表达每一个随机变量的分布,那么所有变量的联合概率分布就为：

$$p(x_1)p(x_2)p(x_3)p(x_4 \mid x_1,x_2,x_3)p(x_5 \mid x_1,x_3)p(x_6 \mid x_4)p(x_7 \mid x_4,x_5)$$

$$(10.1)$$

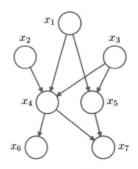

■图 10.1　有向图模型的一个例子

假设我们拥有包含这 7 个随机变量的数据,那么我们只需要用频率估计概率的方法就可以确定出条件概率分布,也就是图中每条边的大小,这就对应着我们的学习过程。比如第 4 章所介绍的朴素贝叶斯分类,它的关键是获取特征和类别的联合分布,就可以用概率图来表示,并且采用计数的方法获得类条件概率。

除此之外,我们面临的更多的场景是推断,也就是某些随机变量是不可观测的,我们需要对这些变量进行推断。比如线性回归,我们需要得到的是目标值 $y$ 对于输入值 $x$ 的条件分布,但我们采取的办法是先假设分布的形式为高斯分布,将问题转化为求出高斯分布的参数,令分布的参数为 $\omega$,并把 $\omega$ 当作一个随机变量,此时 $\omega$ 就是未被观测的变量,那么线性回归模型就可以用概率图来表示：

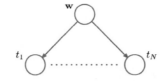

■图 10.2　线性回归模型的图表示

我们使用上面的思路将整体的联合概率写出：

$$p(t,\omega) = p(\omega)\prod_{i}^{N} p(t_i \mid \omega)$$

$$(10.2)$$

其中,$P(t_i|\omega)$ 表示为连乘的形式,是因为它们本身就是条件独立的,所以我们使用线性回归模型进行预测时,就不需要训练数据,而是直接利用了参数的后验概率。同时,条件独立性可以大大地简化联合分布的形式和计算,但是对于直接构建的图模型,条件独立性就需要从图中能直接读出来,这一方法称为有向分离(Direct-Separation)。

我们列举三个例子来说明这种判断条件独立性的方法,下列涉及的所有随机变量都是归一化的。首先如图 10.3 所示,两个随机变量是另一随机变量的条件,我们称此为 C 对于 A 和 B 是头到头的连接方式,它的联合分布为:

$$p(a,b,c) = p(c \mid a,b)p(a)p(b) \tag{10.3}$$

■图 10.3 有向分离的局部情形 1:头到头

从图中可以方便地读出,A 和 B 是独立的。考虑 A 和 B 的条件独立性,我们就可以利用条件概率的公式:

$$p(a,b \mid c) = \frac{p(a,b,c)}{p(c)} = \frac{p(c \mid a,b)p(a)p(b)}{p(c)} \neq p(a \mid c)p(b \mid c) \tag{10.4}$$

发现其并不能分解为条件概率的乘积,也就是说头到头的连接方式下 A 和 B 对于条件 C 并不独立。接着如图 10.4 所示,三个随机变量是顺序相连,我们称此为 C 对于 A 和 B 是头到尾的连接方式,它的联合分布为:

$$p(a,b,c) = p(c \mid a)p(a)p(b \mid c) \tag{10.5}$$

■图 10.4 有向分离的局部情形 2:头到尾

从图中可以方便地读出,A 和 B 并不独立。但是以 C 为条件,经过同样的操作:

$$p(a,b \mid c) = \frac{p(a,b,c)}{p(c)} = \frac{p(c \mid a)p(a)p(b \mid c)}{p(c)} = p(a \mid c)p(b \mid c) \tag{10.6}$$

其中,对于右边的结果,我们利用了贝叶斯公式化简:

$$p(a \mid c) = \frac{p(c \mid a)p(a)}{p(c)} \tag{10.7}$$

可以发现,A 和 B 对于条件 C 是独立的。最后如图 10.5 所示,一个随机变量是另外两个的条件,我们称此为 C 对于 A 和 B 是尾到尾的连接方式,它的联合分布为:

$$p(a,b,c) = p(a \mid c)p(b \mid c)p(c) \tag{10.8}$$

■图 10.5 有向分离的局部情形 3:尾到尾

从图中同样可以看出,A 和 B 并不独立,但当以 C 为条件时,却有:

$$p(a,b \mid c) = \frac{p(a,b,c)}{p(c)} = \frac{p(a \mid c)p(c)p(b \mid c)}{p(c)} = p(a \mid c)p(b \mid c) \tag{10.9}$$

可以发现,A 和 B 对于条件 C 是独立的。这三个例子不仅说明了条件独立性和独立性的差异(正如我们上面讨论的,尾到尾和头到尾的情形下,变量本身是不独立的,但却是条件独立的,而在头到头的情形下,变量本身是独立的,但却非条件独立的),同时也给出了从图中直接判断条件独立性的办法。

## 10.2　高阶马尔可夫模型

假如我们现在面临一个时间序列的预测任务,序列是由多个状态$(x_1, x_2, x_3, \cdots, x_n)$组成,我们通过对多个序列的学习,来预测未知序列的某个可能状态。

为了可以处理同一序列中多个状态上的前后关联,最简单的模型是一阶马尔可夫模型(First-order Markov Model),它描述了从一个状态$x_{n-1}$转移到另一个状态$x_n$的可能性大小,并使用条件概率$p(x_n|x_{n-1})$来表达这种关联,该序列出现的概率被定义为所包含状态的联合分布如式(10.10)。一阶马尔可夫模型的状态变化,如图10.6所示。

$$P(x_1, x_2, \cdots, x_n) = P(x_1) \prod_2^N P(x_n \mid x_{n-1}) \tag{10.10}$$

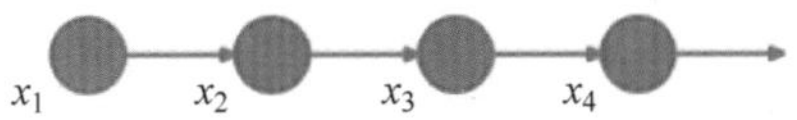

![x1 → x2 → x3 → x4 →]

■图 10.6　一阶马尔可夫模型的示意图,每个状态都决定于前一个状态

如果我们现在假设每个条件概率分布只与最近的状态有关,而独立于其他所有之前的观测,那么我们就得到了一阶马尔可夫链(First-order Markov Chain)。在这种模型的大部分应用中,条件概率分布$p(x_n|x_{n-1})$被限制为相等的,这表示着状态之间的转移概率分布保持不变,这一概率分布参数可以从数据中得到。如果有$M$个状态,依赖关系就有$M-1$个,参数量就有$M-1$个。

在深度学习的循环神经网络中,我们会再一次见到强行限制神经元循环结构连接权重相等的假设,在深度学习中,这一机制被称作权重共享。它所依赖的假设仍然是,序列中状态之间的依赖关系是相同的。

一阶马尔可夫模型在给定$x_n$的条件概率分布与所有的$x_1, \cdots, x_{n-2}$的观测无关。但是如果我们想对更复杂的依赖关系进行建模,就可以假设每个状态都由前面所有状态所共同决定,从而联合概率分布由条件概率分布构建。这被称之为高阶马尔可夫模型,该序列的联合分布就变为了:

$$P(x_1, x_2, x_3, \cdots, x_n) = P(x_1) \prod_2^N P(x_n \mid x_{n-1}, x_{n-2}, \cdots, x_1) \tag{10.11}$$

二阶马尔可夫模型的状态变化,如图10.7所示。

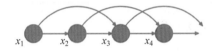

■图 10.7　二阶马尔可夫模型的示意图,每个状态都决定于前两个状态

随之而来的参数量也会增大,并且是随着假设关联的状态数指数增加,如果有 $M$ 个状态彼此关联,参数数量就会变为 $K^{M-1}(K-1)$ 个,就成为了 $M-1$ 阶马尔可夫模型。指数增加的参数个数虽然会限制实际的使用,但我们并不需要如此严格的马尔可夫过程,而是对其做出进一步限制,既可以运用到高阶的关系,参数数量也不是那么多。

回忆第 3 章中的线性回归模型将条件分布 $P(y|x)$ 假设为高斯分布,并且分布的均值为变量的线性函数 $\mu = \omega x$。在马尔可夫框架中,我们仍然做类似的假设,条件分布仍然是高斯分布 $P(x_n|x_{n-1})$,分布均值为前面状态的线性函数,最终我们可以得到:

$$x_n = b + \sum_{i=1}^{m} \omega_i x_{n-i} \tag{10.12}$$

我们将这样的形式叫作自回归模型(Autoregession Model),因为它并不是用一个随机变量来预测另一个随机变量,而是自己对自己的预测。$m$ 的大小表达了与该状态与前面 $m$ 个状态线性相关,参数数量也就为 $m$ 个,但却将关系限制在了线性,无法捕捉到非线性关系。

## 10.3　隐马尔可夫模型

如果我们既希望得到类似于高阶马尔可夫模型的性能,将当前的状态与更早的状态联系起来,同时又不希望局限于线性关系,那么较为有力的方法就是引入潜在变量,正如我们在第 7 章中的混合模型中讨论过的高斯混合模型,对每个观测 $x_n$,我们引入一个对应的潜在变量 $z_n$,如图 10.8 所示,潜在变量使用马尔可夫模型来建模,观测变量则由潜在变量来控制,这样的模型叫作隐马尔可夫模型(Hidden Markov Model)。隐马尔可夫模型的变化,如图 10.8 所示。

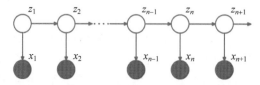

**■图 10.8　隐马尔可夫模型的示意图,$z$ 为随机变量,$x$ 为观测变量**

因为此时的分布与其之前所有的观测变量都相关,无法从条件变量中拿掉任何一个变量,这样就将一个变量与其之前所有的变量关联起来了。这就是隐变量的能力。根据上面所学的条件独立性的判断方法,因为隐变量是头到尾的连接方法,所以有条件独立性:

$$p(z_{n-1}, z_{n+1}) = p(z_{n-1}|z_n)p(z_{n+1}|z_n) \tag{10.13}$$

根据条件独立性,模型的联合的分布可以写作:

$$p(x_1, \cdots, x_N, z_1, \cdots, z_N) = p(z_1)\left[\prod_{n=2}^{N} p(z_n|z_{n-1})\right]\left[\prod_{n=1}^{N}(x_n|z_n)\right] \tag{10.14}$$

同时我们也可以注意到 $p(x_n|x_{n-1}, x_{n-2}, \cdots, x_1)$ 不具备条件独立性,所以观测变量

$x_n$ 依赖于前面的观测,这正是我们引入隐变量的动机。

更重要的是,上式将模型分解成了 $p(z_1)$,$p(z_n|z_{n-1})$,$p(x_n|z_n)$ 三部分,这三者分别叫作初始概率、转移概率和发射概率,对状态空间模型建模实际就是对这三者进行建模。

对于初始概率来说,由于第一个隐藏变量 $z_1$ 没有父节点,因此它的分布可以用一个概率向量 $\pi$ 表示,其中第 $K$ 个元素表示 $z_k$ 取第 $k$ 个状态的概率:$\pi_k = P(z_{1k}=1)$。这样,我们可以将初始概率分布写成:

$$p(z_1 \mid \pi) = \prod_{k=1}^{k} \pi_k^{z_{1k}} \tag{10.15}$$

对于转移概率来说,由于 $z_n$ 本来就有 $k$ 个状态,所以 $P(z_n|z_{n-1})$ 可以用矩阵 $A$ 表示,其中的元素 $A_{ij}$ 表示 $z_{n-1}$ 为第 $i$ 个状态,$z_n$ 取第 $j$ 个状态的条件概率。这样,我们就可以将条件分布写成:

$$p(z_n \mid z_{n-1}, A) = \prod_{j=1}^{K} \prod_{k=1}^{K} A_{j,k}^{z_{n-1,j} z_{nk}} \tag{10.16}$$

对于条件概率 $P(x_n|z_n)$,因为 $z_n$ 具有 $k$ 个状态,离散的观测变量也可能有 $m$ 个取值,所以条件概率与转移概率类似,也是一个矩阵,如果观测变量是连续的,那么也可以使用参数 $\phi$ 来表示它们的关系,被定义为:

$$p(x_n \mid z_n, B) = \prod_{k=1}^{K} p(x_n, \phi_k)^{z_{nk}} \tag{10.17}$$

与高斯混合模型相同,用最大似然法求解隐马尔可夫参数学习问题时,由于有隐变量的存在,可以很方便地采用 EM 算法。

## 10.4　隐马尔可夫模型的 EM 算法

因为我们在第 7 章中已经熟悉了 EM 算法,所以这里并不会对 EM 算法做出解释,而是直接应用,当我们在数据的基础上获得初始概率、条件概率和转移概率之后,就可以确定该模型,那么全数据的对数似然可以被表示为:

$$
\begin{aligned}
\ln p(X, Z \mid \theta) &= \ln p(z_1 \mid \pi) \left[ \sum_{n=2}^{N} \ln p(z_n \mid z_{n-1}, A) \right] \left[ \sum_{n=1}^{N} \ln p(x_n \mid z_n, \phi) \right] \\
&= \sum_{k=1}^{K} z_{1k} \ln \pi_k + \sum_{n=1}^{N} \sum_{k=1}^{K} \sum_{j=1}^{K} z_{n-1,j} z_{nk} \ln A_{jk} + \sum_{n=1}^{N} \sum_{k=1}^{K} z_{nk} \ln p(x_n \mid \phi_k)
\end{aligned}
\tag{10.18}
$$

为了简单起见,与第 7 章讨论的混合模型一样,引入 $\gamma(z_n)$,$\xi(z_{n-1}, z_n)$ 分别表示 $z_n$ 的后验分布以及 $z_n$ 和 $Z_{n-1}$ 的联合后验分布:

$$
\gamma(z_n) = p(z_n \mid X, \theta^{old})
$$
$$
\xi(z_{n-1}, z_n) = p(z_{n-1}, z_n \mid X, \theta^{old}) \tag{10.19}
$$

在 E 步中,我们需要求期望,首先可以将 $\gamma(z_n)$ 用贝叶斯定理写作:

$$\gamma(z_n) = p(z_n \mid X) = \frac{p(X \mid z_n) p(z_n)}{p(X)} \tag{10.20}$$

在这里,我们需要引入条件独立性来让问题简化,根据图 10.8,以 $z_n$ 变量为条件,$\{x_1, \cdots, x_n\}$ 和 $\{x_{n+1}, \cdots\}$ 条件独立,有:

$$p(x_1, \cdots, x_n \mid z_n) = p(x_1, \cdots, x_{n-1} \mid z_n) p(x_n \mid z_n) \tag{10.21}$$

利用条件独立关系式,我们就可以将上式变为:

$$\gamma(z_n) = \frac{p(x_1, \cdots, x_n, z_n) p(x_{n+1}, \cdots, x_N \mid z_n)}{p(X)} = \frac{\alpha(z_n)\beta(z_n)}{p(X)} \tag{10.22}$$

其中,我们为了记号上的方便,定义了两个简单的变量分别表示隐变量的联合分布和条件分布:

$$\alpha(z_n) = p(x_1, \cdots, x_n, z_n)$$
$$\beta(z_n) = p(x_{n-1}, \cdots, x_N \mid z_n) \tag{10.23}$$

接下来为了求取 $\alpha(z_n)$ 和 $\beta(z_n)$,我们依然利用条件独立性质将其展开为:

$$\alpha(z_n) = p(x_1, \cdots, x_n, z_n) \tag{10.24}$$

$$= p(x_1, \cdots, x_n \mid z_n) p(z_n) \tag{10.25}$$

$$= p(x_n \mid z_n) p(x_1, \cdots, x_{n-1} \mid z_n) p(z_n) \tag{10.26}$$

$$= p(x_n \mid z_n) p(x_1, \cdots, x_{n-1}, z_n) \tag{10.27}$$

$$= p(x_n \mid z_n) \sum_{z_{n-1}} p(x_1, \cdots, x_{n-1}, z_{n-1}, z_n) \tag{10.28}$$

$$= p(x_n \mid z_n) \sum_{z_{n-1}}^{z_{n-1}} p(x_1, \cdots, x_{n-1} \mid z_{n-1}) p(z_n \mid z_{n-1}) p(z_{n-1}) \tag{10.29}$$

$$= p(x_n \mid z_n) \sum_{z_{n-1}}^{z_{n-1}} p(x_1, \cdots, x_{n-1}, z_{n-1}) p(z_n \mid z_{n-1}) \tag{10.30}$$

并且从上式的结果来看,有递推关系:

$$\alpha(z_n) = p(x_n \mid z_n) \sum_{z_{n-1}} \alpha(z_{n-1}) p(z_n \mid z_{n-1}) \tag{10.31}$$

为了求解出 $\alpha(z_n)$,我们可以采用前向算法来进行求解,可以得出其初始状态为:

$$\alpha(z_1) = p(x_1, z_1) = p(z_1) p(x_1 \mid z_1) = \prod_{k=1}^{K} \{\pi_k p(x_1 \mid \phi_k)\}^{z_{1k}} \tag{10.32}$$

同理对于 $\beta(z_n)$,我们延续上面的步骤,并采用后向算法可以得到初始状态:

$$\beta(z_n) = \sum_{z_{n+1}} \beta(z_{n+1}) p(x_{n+1} \mid z_{n+1}) p(z_{n+1} \mid z_n) \tag{10.33}$$

在完成前向计算和后向计算后,就可以得到 $\gamma(z_n)$,同理,也可以得到 $\chi(z_n)$:

$$\xi(z_{n-1},z_n) = p(z_{n-1},z_n \mid X)$$

$$= \frac{p(X \mid z_{n-1},z_n)p(z_{n-1},z_n)}{p(X)}$$

$$= \frac{p(x_1,\cdots,x_{n-1} \mid z_{n-1})p(x_n \mid z_n)p(x_{n+1},\cdots,x_N \mid z_n)p(z_n \mid z_{n-1})p(z_{n-1})}{p(X)}$$

$$= \frac{\alpha(z_{n-1})p(x_n \mid z_n)p(z_n \mid z_{n-1})\beta(z_n)}{p(X)} \tag{10.34}$$

首先在 $M$ 步上,我们对 $Q(\theta,\theta^{old})$ 求极值,将全部变量的对数似然的三部分分别代入可以得到:

$$Q(\theta,\theta^{old}) = \sum_{k=1}^{K}\gamma(z_{1k})\ln\pi_k + \sum_{n=2}^{N}\sum_{k=1}^{K}\sum_{j=1}^{K}\xi(z_{n-1,j},z_{nk})\ln A_{jk} + \sum_{n=1}^{N}\sum_{k=1}^{K}\gamma(z_{nk})\ln p(x_n \mid \phi_k)$$

$$\tag{10.35}$$

对参数求极值就可以得到:

$$\pi_k = \frac{\gamma(z_{1k})}{\sum_{j=1}^{K}\gamma(z_{1j})}$$

$$A_{jk} = \frac{\sum_{n=2}^{N}\xi(z_{n-1,j},z_{nk})}{\sum_{l=1}^{K}\sum_{n=2}^{N}\xi(z_{n-1,j},z_{nl})}$$

$$\tag{10.36}$$

$$\mu_k = \frac{\sum_{n=1}^{N}\gamma(z_{nk})x_n}{\sum_{n=1}^{N}\gamma(z_{nk})}$$

$$\sum_k = \frac{\sum_{n=1}^{N}\gamma(z_{nk})(x_n-\mu_k)(x_n-\mu_k)^{\mathrm{T}}}{\sum_{n=1}^{N}\gamma(z_{nk})}$$

$$\mu_k = \frac{\sum_{n=1}^{N}\gamma(z_{nk})x_n}{\sum_{n=1}^{N}\gamma(z_{nk})} \tag{19}$$

$$\tag{10.37}$$

$$\sum_k = \frac{\sum_{n=1}^{N}\gamma(z_{nk})(x_n-\mu_k)(x_n-\mu_k)^{\mathrm{T}}}{\sum_{n=1}^{N}\gamma(z_{nk})}$$

至此,所有的变量均可以求出。

## 10.5    使用 scikit-learn

经过上述的学习,我们已经知道了初始概率 $\pi$、状态转移概率 $A$、发射概率 $B$,就可以完全确定出一个隐马尔可夫模型,在我们的实际应用中,我们会经常利用隐马尔可夫模型来解决两个问题:

(1) 评估任务:给定隐马尔可夫模型 $\lambda = (A, B, \pi)$,计算该模型产生观测序列 $X = \{x_1, x_2, x_3, \cdots, x_n\}$ 的条件概率 $P(X|\lambda)$,概率越大,表示模型与观测序列越匹配,就意味着观测序列更可能是由该模型生成的。

(2) 学习任务:给定观测序列 $X = \{x_1, x_2, x_3, \cdots, x_n\}$,学习出一个隐马尔可夫模型使得条件概率 $P(X|\lambda)$ 最大,概率越大,表示我们找到了一个能够最好的描述该观测序列的模型。

这些都是在机器学习中的经典问题,评估任务实际上就是性能度量,学习任务其实就是参数估计。经常被提起的另一个问题是,给定隐马尔可夫模型 $\lambda = (A, B, \pi)$ 和观测序列 $X = \{x_1, x_2, x_3, \cdots, x_n\}$,推断出隐藏状态 $\{x_1, x_2, x_3, \cdots, x_n\}$,我们此处并不讨论。

sklearn 中并未包含隐马尔可夫模型,我们可以以 numpy 为基础去写出相应的算法,也可以为了方便,利用一个叫作 hmmlearn 的库去实现隐马尔可夫模型。这里我们依然按照用少的代码去检验理论学习的原则去使用现成的工具。

hmmlearn 包含了三种隐马尔可夫模型,分别为 MultinomialHMM、GaussianHMM 和 GMMHMM。其中,MultinomialHMM 假设了观测状态是一个离散的多项分布,GaussianHMM 假设观测状态是高斯分布,GMMHMM 则假设了高斯混合分布。在这里我们主要讨论离散情形,以一个经典例子来诠释我们需要解决的问题:

多个盒子里有着若干不同颜色的球,我们往不同的盒子里放回取出的球,球的颜色是一个观测序列,盒子就是隐藏状态,重复进行 $T$ 次,那么就可以得到长为 $T$ 的序列。我们把盒子的状态集合为 $\{1, 2, 3\}$,观测的集合为 $\{red, white\}$,这意味着总共有 3 个不同的盒子作为隐藏状态,而观测状态可能取值只有 white 和 red 两种。

首先,我们来解决评估任务,存在一个观测序列 $O = (red, white, red)$,我们定义好一个隐马尔可夫模型 $\lambda = (A, B, \pi)$,三者分别为:

$$A = \begin{bmatrix} 0.5 & 0.2 & 0.3 \\ 0.3 & 0.5 & 0.2 \\ 0.2 & 0.3 & 0.5 \end{bmatrix} \tag{10.38}$$

$$B = \begin{bmatrix} 0.5 & 0.5 \\ 0.4 & 0.6 \\ 0.3 & 0.7 \end{bmatrix} \tag{10.39}$$

$$\pi = (0.2, 0.4, 0.4) \tag{10.40}$$

我们的任务是求出条件概率 $P(O|\lambda)$，添加代码如下：

```
import numpy as np
from hmmlearn import hmm

states = ["box 1", "box 2", "box3"]
n_states = len(states)

observations = ["red", "white"]
n_observations = len(observations)

start_probability = np.array([0.2, 0.4, 0.4])

transition_probability = np.array([
    [0.5, 0.2, 0.3],
    [0.3, 0.5, 0.2],
    [0.2, 0.3, 0.5]
])

emission_probability = np.array([
    [0.5, 0.5],
    [0.4, 0.6],
    [0.7, 0.3]
])

model = hmm.MultinomialHMM(n_components = n_states)
model.startprob_ = start_probability
model.transmat_ = transition_probability
model.emissionprob_ = emission_probability

seen = np.array([[0,1,0]]).T

print(model.score(seen))
```

其中变量 seen 就对应着我们的观测序列，该段代码会输出条件概率的对数值：

$$-2.038545309915233$$

因为对数操作具备单调性，所以我们直接比较输出结果就可以完成评估任务。接下来，我们假设观测序列是由隐马尔可夫模型生成的，任务是去学习该模型的参数，我们构建出多个观测序列：

$$\boldsymbol{O} = \begin{bmatrix} red & white & red & white \\ red & red & red & white \\ white & red & white & white \end{bmatrix} \tag{10.41}$$

然后用该数据训练，观察评估结果的变化，来确定迭代的次数，评估的概率值越高，代表着模型与现在的观测序列越吻合，同时记录每次迭代的评估结果，代码如下：

```
import numpy as np
from hmmlearn import hmm
import matplotlib.pyplot as plt
import seaborn as sns

states = ["box 1", "box 2", "box3"]
n_states = len(states)

observations = ["red", "white"]
n_observations = len(observations)
model2 = hmm.MultinomialHMM(n_components = n_states, n_iter = 20, tol = 0.01)
X = np.array([[0,1,0,1],[0,0,0,1],[1,0,1,1]])

scores = []
for i in range(20):
    model2.fit(X)
    print (model2.startprob_)
    print (model2.transmat_)
    print (model2.emissionprob_)
    scores.append(np.e ** model2.score(X))

sns.set(style = 'white')
plt.plot(range(20), scores, 'k - .', linewidth = 2, label = 'prob')
plt.legend()
plt.show()
```

如图 10.9 所示，迭代 11 次的模型与当前的观测序列最为匹配。

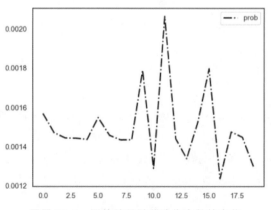

■图 10.9　评估结果随着迭代次数的变化

# 参 考 文 献

[1] 李航. 统计学习方法[M]. 北京：清华大学出版社，2012.

[2] 周志华. 机器学习[M]. 北京：清华大学出版社，2016.

[3] Goodfellow I，Bengio Y，Courville A. Deep learning[M]. MIT press，2016.

[4] Bishop C M. Pattern recognition and machine learning[M]. Springer，2006.

[5] Vapnik V. The nature of statistical learning theory[M]. Springer science & business media，2013.

[6] Efron B，Hastie T. Computer age statistical inference[M]. Cambridge University Press，2016.

[7] Hastie T，Tibshirani R，Friedman J，et al. The elements of statistical learning：data mining，inference and prediction[J]. The Mathematical Intelligencer，2005，27(2)：83-85.

[8] Zhou Z H. Three perspectives of data mining[J]. 2003.

[9] Tibshirani R. Regression shrinkage and selection via the lasso[J]. Journal of the Royal Statistical Society：Series B (Methodological)，1996，58(1)：267-288.

[10] Hoerl A E，Kennard R W. Ridge regression：Biased estimation for nonorthogonal problems[J]. Technometrics，1970，12(1)：55-67.

[11] Domingos P. A unified bias-variance decomposition [C]//Proceedings of 17th International Conference on Machine Learning. 2000：231-238.

[12] Friedman J H. On bias，variance，0/1—loss，and the curse-of-dimensionality[J]. Data mining and knowledge discovery，1997，1(1)：55-77.

[13] Blum A L，Langley P. Selection of relevant features and examples in machine learning[J]. Artificial intelligence，1997，97(1-2)：245-271.

[14] John G H，Kohavi R，Pfleger K. Irrelevant features and the subset selection problem[M]//Machine Learning Proceedings 1994. Morgan Kaufmann，1994：121-129.

[15] Fukunaga K. Introduction to statistical pattern recognition[M]. Elsevier，2013.

[16] Narendra P M，Fukunaga K. A branch and bound algorithm for feature subset selection[J]. IEEE Transactions on Computers，1977 (9)：917-922.

[17] Kira K，Rendell L A. A practical approach to feature selection[M]//Machine Learning Proceedings 1992. Morgan Kaufmann，1992：249-256.

[18] Computational methods of feature selection[M]. CRC Press，2007.

[19] Jain A，Zongker D. Feature selection：Evaluation，application，and small sample performance[J]. IEEE transactions on pattern analysis and machine intelligence，1997，19(2)：153-158.

[20] Hauke J，Kossowski T. Comparison of values of Pearson's and Spearman's correlation coefficients on the same sets of data[J]. Quaestiones geographicae，2011，30(2)：87-93.

[21] Nelder J A，Wedderburn R W M. Generalized linear models[J]. Journal of the Royal Statistical Society：Series A (General)，1972，135(3)：370-384.

[22] Bishop C M，Tipping M E. Bayesian regression and classification[J]. Nato Science Series sub-Series III Computer And Systems Sciences，2003，190：267-288.

[23] Finney D J. Probit analysis：a statistical treatment of the sigmoid response curve[M]. Cambridge

university press，Cambridge，1952.

[24] Kuhner M K. LAMARC 2. 0：maximum likelihood and Bayesian estimation of population parameters[J]. Bioinformatics，2006，22(6)：768-770.

[25] Leung K M. Naive bayesian classifier[J]. Polytechnic University Department of Computer Science/Finance and Risk Engineering，2007.

[26] Park T，Casella G. The bayesian lasso[J]. Journal of the American Statistical Association，2008，103(482)：681-686.

[27] Lindley D V，Smith A F M. Bayes estimates for the linear model[J]. Journal of the Royal Statistical Society：Series B (Methodological)，1972，34(1)：1-18.

[28] Cover T M，Hart P. Nearest neighbor pattern classification[J]. IEEE transactions on information theory，1967，13(1)：21-27.

[29] Dudani S A. The distance-weighted k-nearest-neighbor rule[J]. IEEE Transactions on Systems，Man，and Cybernetics，1976 (4)：325-327.

[30] Quinlan J R. Induction of decision trees[J]. Machine learning，1986，1(1)：81-106.

[31] Quinlan J R. C4. 5：programs for machine learning[M]. Elsevier，2014.

[32] Breiman L. Classification and regression trees[M]. Routledge，2017.

[33] Raileanu L E，Stoffel K. Theoretical comparison between the gini index and information gain criteria [J]. Annals of Mathematics and Artificial Intelligence，2004，41(1)：77-93.

[34] Safavian S R，Landgrebe D. A survey of decision tree classifier methodology[J]. IEEE transactions on systems，man，and cybernetics，1991，21(3)：660-674. Bibliography 135

[35] Muja M，Lowe D G. Fast approximate nearest neighbors with automatic algorithm configuration [J]. VISAPP (1)，2009，2(331-340)：2.

[36] Advances in kernel methods：support vector learning[M]. MIT press，1999.

[37] Burges C J C. A tutorial on support vector machines for pattern recognition[J]. Data mining and knowledge discovery，1998，2(2)：121-167.

[38] Cristianini N，Shawe-Taylor J. An introduction to support vector machines and other kernel based learning methods[M]. Cambridge university press，2000.

[39] Rasmussen C E. Gaussian processes in machine learning[C]//Summer School on Machine Learning. Springer，Berlin，Heidelberg，2003：63-71.

[40] Scholkopf B，Smola A J. Learning with kernels：support vector machines，regularization，optimization，and beyond[M]. MIT press，2001.

[41] Schölkopf B，Smola A J，Bach F. Learning with kernels：support vector machines，regularization，optimization，and beyond[M]. MIT press，2002.

[42] Baudat G，Anouar F. Generalized discriminant analysis using a kernel approach [J]. Neural computation，2000，12(10)：2385-2404.

[43] Roweis S T，Saul L K. Nonlinear dimensionality reduction by locally linear embedding[J]. science，2000，290(5500)：2323-2326.

[44] Kruskal J B，Wish M. Multidimensional scaling[M]. Sage，1978.

[45] Liaw A，Wiener M，Bengio Y，Paiement J，Vincent P，et al. Out-of-sample extensions for lle，isomap，mds，eigenmaps，and spectral clustering[C]//Advances in neural information processing systems. 2004：177-184. Classification and regression by randomForest[J]. R news，2002，2(3)：18-22.

[46] Schölkopf B, Smola A, Müller K R. Kernel principal component analysis [C]//International conference on artificial neural networks. Springer, Berlin, Heidelberg, 1997: 583-588.

[47] Cox T F, Cox M A A. Multidimensional scaling[M]. Chapman and hall/CRC, 2000.

[48] Dempster A P, Laird N M, Rubin D B. Maximum likelihood from incomplete data via the EM algorithm[J]. Journal of the Royal Statistical Society: Series B (Methodological), 1977, 39(1): 1-22.

[49] McLachlan G, Krishnan T. The EM algorithm and extensions[M]. John Wiley & Sons, 2007.

[50] Redner R A, Walker H F. Mixture densities, maximum likelihood and the EM algorithm[J]. SIAM review, 1984, 26(2): 195-239.

[51] Jain A K. Data clustering: 50 years beyond K-means[J]. Pattern recognition letters, 2010, 31(8): 651-666.

[52] Rasmussen C E. The infinite Gaussian mixture model [C]//Advances in neural information processing systems. 2000: 554-560.

[53] Fraley C, Raftery A E. Model-based clustering, discriminant analysis, and density estimation[J]. Journal of the American statistical Association, 2002, 97(458): 611-631.

[54] Breiman L. Bagging predictors[J]. Machine learning, 1996, 24(2): 123-140.

[55] Breiman L. Random forests[J]. Machine learning, 2001, 45(1): 5-32.

[56] Freund Y, Schapire R, Abe N. A short introduction to boosting[J]. Journal-Japanese Society For Artificial Intelligence, 1999, 14(771-780): 1612.

[57] Schapire R E, Singer Y. Improved boosting algorithms using confidence-rated predictions [J]. Machine learning, 1999, 37(3): 297-336.

[58] Chen T, Guestrin C. Xgboost: A scalable tree boosting system[C]//Proceedings of the 22nd acm sigkdd international conference on knowledge discovery and data mining. ACM, 2016: 785-794.

[59] Dietterich T G. An experimental comparison of three methods for constructing ensembles of decision trees: Bagging, boosting, and randomization[J]. Machine learning, 2000, 40(2): 139-157.

[60] Akaike H. Fitting autoregressive models for prediction[J]. Annals of the institute of Statistical Mathematics, 1969, 21(1): 243-247.

[61] Rabiner L R. A tutorial on hidden Markov models and selected applications in speech recognition[J]. Proceedings of the IEEE, 1989, 77(2): 257-286.

[62] Rabiner L R, Juang B H. An introduction to hidden Markov models[J]. ieee assp magazine, 1986, 3(1): 4-16.

[63] Lafferty J, McCallum A, Pereira F C N. Conditional random fields: Probabilistic models for segmenting and labeling sequence data[J]. 2001.

[64] Hastings W K. Monte Carlo sampling methods using Markov chains and their applications [J]. 1970.